건축학개론

GUIDE TO ARCHITECTURE

이범재·배시화 공저

기문당

머리말

우리는 오랫동안 건축에 몸담고 있었고 후학들을 가르쳐 왔지만, 처음으로 대학에 들어가서 건축이라는 생소한 분야를 접하면서 당황했던 기억이 아직도 생생하다. 아무런 종합적인 이해 없이 단지 과목에 대한 단편적이고 깊은 지식을 배워가면서 "과연 건축이 무엇이며, 건축의 전체 모습이 무엇인가? 하고 무척 궁금했었다." 건축은 정말 예술인가? 아니면 공과대학 속에 있는 공학 분야의 하나인가 하고 궁금하기도 했었고, 내가 과연 건축이 적성에 맞는지를 심각하게 고민하면서 앞날을 걱정하기도 하였다. 그래서 아주 간단하지만 건축의 전체를 대략적으로나마 파악할 수 있는 입문서나 지도서 또는 소개서 등이 있으면 좋겠다는 생각에 이르게 되었다. 그래서 보통의 상식을 가진 학생들이 쉽게 이해할 수 있도록 책을 하나 만들어야겠다고 의견을 모으고 이 책을 만들기 시작하였다.

건축을 처음 접하고 공부하려는 학생들을 위한 책은 여러 가지 있지만, 어떤 것은 너무 전문적인 지식을 많이 담고 있어서 처음 건축에 입문하는 사람들에게 어려움을 주기도 하고, 어느 것은 너무 쉬운 상식을 담고 있어서 정작 중요한 건축의 의미를 전달하지 못하기도 하는 것을 보아 왔다. 또한 건축을 단순히 예술로서만 다루거나 기술적·공학적 측면에서만 다루어서 균형잡힌 시각을 가지기에는 어려움이 있는 것도 있다.

따라서 이 책에서는 건축을 막 시작하는 학생들이 건축의 의미와 건축이 갖는 여러 가지 속성과 건축에 관련된 여러 분야에 대한 폭넓은 이해를 할 수 있도록 하였다.

전체적으로 9개 항목으로 구분하여 건축의 시작과 건축의 역사, 건축공간, 건축물의 조형적 구성에 필요한 요소들, 즉 치수, 모듈, 형태 등을 다루고 건축의 설계에서는 계획·설계·실내건축을 하나의 분야로 하고, 구조·환경·조경 도시계획 분야는 건축을 이해하는 차원에서 간략하게 편성하였다.

그동안의 강의 경험을 바탕으로 하며 건축에의 입문서 역할을 할 수 있도록 하였으며, 여기 포함된 내용은 건축을 이루기 위해서는 떼어낼 수 없는 것들이라고 생각된다. 이 책이 건축을 처음으로 시작하는 사람들에게 건축을 이해하고 흥미를 느끼는 데 도움이 되었으면 한다.

이 책을 만드는 과정에서 고생한 가천대 대학원 오종화, 위대한 군과 이 책을 출판하여 주신 기문당 강해작 사장님께 깊은 감사를 드린다.

2013. 2

저자 일동

차 례 Contents

Chapter 1_ 건축이란 무엇인가

1-1 건축의 시작

인간이 지상에 생겨나면서 외부의 맹수나 적대적인 적들에게서 자신을 보호하고 생명을 유지하기 위하여 합당한 장소를 택하게 되었을 것이라고 쉽게 상상할 수 있다. 인간은 자신이 사는 주위를 둘러보고 생활에 필요한 것들을 이용하게 되는데 물가 주변에서 생활하던 부족들은 물 위에 집을 지을 때 주변에서 쉽게 얻을 수 있는 갈대 등을 엮어 집을 만들었고, 산에서 살던 부족은 천연적으로 형성되어 있는 동굴을 이용하여 날짐승이나 위험한 공격으로부터 자신의 부족을 보호하려고 하였다. 또한 평지에 살던 사람들은 땅을 파서 그 속에서 생활할 수 있도록 움막을 지었다. 이와 같이 어떤 장소나 집, 건물 등을 만들어서 자신을 보호하고 편안하게 살 수 있는 환경을 만드는 것을 건축이라고 하겠다. 이러한 장소의 특징을 볼 때 공통적인 점을 발견할 수 있는데, 바로 인간이 활동을 하기 위해서 너무 덥거나 춥거나 하지 않도록 적절한 환경을 갖추고 있다는 점이다. 또한 바깥이 아닌 안쪽이라는 어떤 느낌이 있다. 이런 것들을 우리는 보통 건물 또는 건축물이라고 말한다.

건축물은 점차 문명이 발달하면서 더욱 여러 형태로 세분화되고 발전되어 왔다. 초기에는 자기와 자신의 종족을 지키고 자연환경의 혹독한 기후에서 살아남기 위해 은신처(Shelter)가 필요하였을 것이다. 이러한 목적이 어느 정도 이루어지자 더 나아가 인간은 그러한 장소에 아름다운 치장을 하게 되었으며, 문화가 발전하고 국가가 이루어지자 더 많은 종류의 공간이 필요하게 되었던 것이다. 이러한 발전에 영향을 미친 여러 요소가 등장하면서 종교, 문화적 습관, 과학적인 기술, 사회적인 요소, 경제적인 배경, 국가적 권력 등이 서로 얽혀 오늘날 우리가 보는 것과 같은 다양한 건축이 이루어지고 있는 것이다.

암사동 움집의 복원 전경 : 자신을 보호하기 위하여 움막형태의 주거를 만들었다.

터키. 카파도키아(동굴가옥)

건축은 그 지역과 환경에 따라 다양하게 이루어져 왔다.
예멘, 시밤

인류가 글자를 사용하여 기록하기 전부터 오랜 문명이 지구상에 존재하여 왔는데 이집트에서는 예수가 태어나기 5000년 전에 이미 찬란한 문명이 꽃피웠으니, 피라미드가 그 대표적인 건축물이다. 끝이 보이지 않는 사막의 한가운데에 그 사람들은 어떻게 높이가 140m나 되는 돌덩어리를 쌓아 올렸을까? 그 속에는 무엇이 있기에 그렇게 힘든 일을 30년 동안 10만 명의 노예를 부려가면서 만들었을까? 그것을 만들게 한 원동력은 어디에 있는 것일까? 그 많은 돌은 어디서 가져오게 되었는가? 어떻게 운반하였을까? 스핑크스라는 것은 무엇이며, 왜 만들었는가?

인도대륙에도 아름다운 역사적 사실과 더불어 멋진 건축물이 나타나게 된다. 15년에 걸쳐 자신의 사랑하는 왕비를 위하여 무덤을 만든 '샤 자한의 타지마할 묘지사원' 이 바로 그것이다. 높이가 103m인 이 백대리석의 사원은 앞에 놓여 있는 긴 호수에 그 그림자를 드리우고 있다. "나 이외의 여자는 다시는 사랑하지 말라" 는 왕비의 유언에 따라 왕은 왕비의 무덤을 만들고 건너편의 왕궁에서 이 타지마할을 보면서 하염없이 눈물을 흘렸던 것이다. 이미 6000년경에 도시계획이 있었다는 증거가 남아 있는 모헨조다로라는 도시도 있다. 이렇듯 인류의 문명은 이미 오래 전부터 시작되었으며, 그 문명의 증거인 건축도 이미 오래 전부터 우리의 역사 속에 자리 잡고 있었던 것이다.

샤 자한이 세운 타지마할 사원

지금의 이라크에는 바빌로니아라는 나라가 있었고, 그 수도인 바빌론에는 하늘을 뚫고 나갈 정도의 높은 탑이 세워지고 있었다. 그 탑 위에는 당시의 왕인 네부카드네자르 2세가 자신의 왕비를 위하여 공중정원을 건립하였다. 그 정원에는 사막에서 볼 수 없는 아름다운 새, 화려한 꽃, 물이 흐르는 아름다운 연못이 있었고 철마다 아름다운 노래와 음식이 있었다.

네부카드네자르 2세의 공중정원을 상상으로 그린 것

중국에는 한 번에 몇 만 명의 신하가 서 있을 수 있는 광장을 가진 대궁전, 자금성이 의연한 자태로 세워져 있는가 하면, 아테네 여신을 위해 세워진 파르테논 신전은 지금도 그리스 아테네의 아크로폴리스 언덕에 남아 있다. 중국에서는 외적의 침입을 막기 위해 6,000km 길이의 만리장성을 쌓는 데, 높이 6~10m로 폭 9m의 성벽을 만들었고, 기원 전 680년 진시황의 무덤 속에는 실물 크기의 1만 명의 군사가 세워져 있다. 인간이 있는 곳에는 항상 건축이 존재하였고, 단순한 집이 아니라 그 속에는 인간의 꿈이, 인간의 생활이, 인간들의 희로애락이, 그리고 인간의 사랑과 미움, 아름다움과 고통이 스며들어 있다. 아름다운 사랑의 이야기가 전설처럼 묻혀 있는가 하면, 쓸쓸한 폐허로 남아 있기도 하여 우리는 인류의 문명 속에서 건축이 형성되어 왔음을 알 수 있다.

그리스 아테네의 파르테논 신전이 있는 아크로폴리스 전경

1-2 건축의 어원과 의미

건축의 어원은 고대 그리스어 Archi+Teckton의 합성어다. 여기서 Archi는 '원래의, 원초적인, 근본적인, 무엇보다도 우선되는...' 등의 의미를 가지고 있다. Teckton은 '기술, 기능'의 의미다. 즉 오늘날의 현대영어의 의미로는 Archi=only one, principal, the most important 등이며 Teckton=technique, mechanic 등이다. 건축이라는 말은, 다시 말하면 '기술의 으뜸이 되는 것, 기술에서의 가장 원리적인 것, 기술을 초월하는 그 어떠한 것, 기술의 하나뿐인 원리, 가장 원리가 되는 기술의 으뜸' 등으로 정의할 수 있다. 이는 건축이라는 것이 고대에 얼마나 중요한 의미와 역할을 하였는가를 잘 표현하고 있다. 우리는 건축에 종사하는 사람을 '대목, 도편수'라고 칭하였다. 이는 현재의 건축가라는 의미보다는 장인으로서의 의미를 더 갖는다 하겠다. 장인이라 함은 한 가지의 일을 평생 행하는 일종의 전문인으로서의 뜻을 가지고 있는 것으로 볼 수 있다.

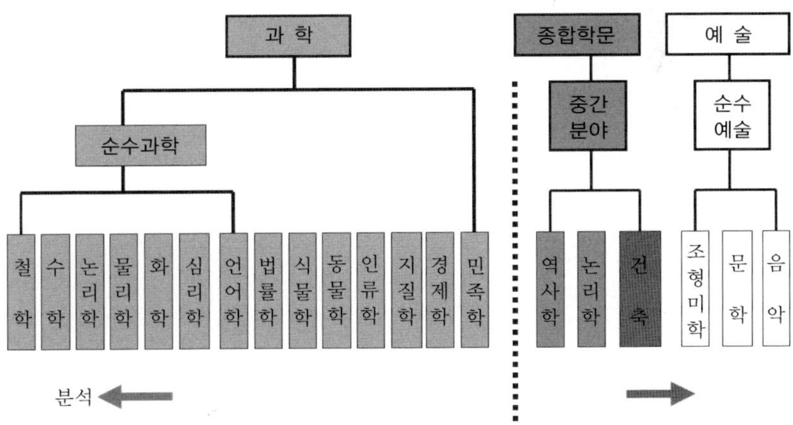

에발트 반스(Ewalt Banse)의 학문분류표

여기서는 건축물을 설계하는 것 뿐만 아니라 직접 자신이 만드는 행위도 포함하고 있다. 현대용어로 말하자면 시공자의 역할도 겸하고 있는 것이다.

반스(Ewalt Banse)라는 독일의 지리학자가 인간의 모든 학문을 분류하여 표를 만들었는데, 건축은 과학과 예술의 중간에 있다는 것을 알 수 있다.

폴리오(Marcus Pollio)는 "하나의 건축물이 건축으로서의 자격을 얻기 위해서는 그 건축물이 세워진 목적을 충족시켜야 하며 구조상 튼튼하고 아름다워야 한다."고 하였다.

햄린(Talbot Faulkner Hamlin)은 "훌륭한 건축은 그 건축이 이루어진 시대와 건축술뿐만 아니라 그 시대의 종교, 그 시대의 정부, 심지어는 그 시대의 정치이론과 경제이론까지 항상 완벽하게 표현해 준다."고 하였다.

건축가 루이스 칸(Louis Kahn)은 "건축은 영감에서 시작해서 영감으로 끝난다."고 하여, 건축이 가지는 정신적인 의미를 강조하였으며, 미국의 근대건축가인 설리번(Louis Sullivan)은 "건축이란 기능적 통합과 구조의 개념, 시대정신이 있어야 하며 환경에 대한 배려가 있어야 한다."고 하여, 정신이라는 요소가 건축에서 매우 큰 의미가 있음을 시사했다.

미국의 유명한 건축가인 라이트(Frank Rloyd Wright)은 "건축은 시대와 시대, 세대와 세대를 이어 내려오는 위대한 삶의 창조적인 정신이다. 나는 건축이 인생이라고 보며, 최소한 오늘의 세계, 내일의 세계, 과거의 세계의 진정한 기록이라고 본다."고 하였다.

프랭크 로이드 라이트, 1869~1959

문호인 괴테(Goethe)는 “건축은 얼어 있는 음악”이라고 말했다. 이것은 음악에 멜로디나 하모니 등이 있어서 듣는 사람을 황홀하게 만드는 것과 같이 건축도 예술적 감명을 준다는 것이다. 마치 음악이 얼어서 단단해진 것과 같은 것이 건축이다라는 의미이다. 하늘 높이 솟아 있는 고딕 교회의 탑을 바라보면 장중한 오르간 곡을 듣는 것처럼 느껴지며, 바로크시대 궁전에서는 경쾌한 느낌이 느껴진다. 이 추운 나라의 시인이 말하는 것에 의하면 ‘건축은 예술의 일종’이다.

조겔(Herman Sorgel)은 “건축은 과학적 요소와 예술적 요소를 어느 정도 포함하고 있는 과학과 예술의 중간적인 존재이다.”라고 하여 과학과 예술, 이 두 가지가 건축의 양면으로써 단독으로는 그 일면에 지나지 않는다는 점을 이야기하였다.

렌 경(Sir Christopher Wren)은 “건축에는 정치적 용도가 있다. 공공건물은 국가의 장식품이다. 건축은 국가의 체계를 확립하며 사람들을 끌어 모아 상업을 활발하게 하고 또 국민들로 하여금 자기의 조국을 사랑하게끔 만들어준다.”고 하였다.

이상과 같이 여러 건축가나 학자들이 이야기하는 것은, 건축이라는 것이 단지 하나의 기술적인 분야로 끝나는 것이 아니라 예술이라는 정신과 아름다움을 포함하면서 그 세대의 시대적인 상황과도 관계가 있다는 것을 의미하고 있다.

1-3 건축의 양면성

인간에게 있어서 예술은 어떠한 것인가? 예술은 보통 순수예술과 응용예술, 공간예술과 시간예술, 재현예술과 자유예술 등으로 서로 약간씩 다른 의미로 분류할 수 있다. 순수예술은 주관적이며 감동적인 표현을 사용하므로 종합적이며 예술성이 큰 것으로 보아야 한다. 고전적인 개념의 음악, 공연, 미술, 조각, 시 등이 여기에 속하며, 응용예술은 일반대중에게 직접적으로 영향을 미치는 실제 생활과 밀접한 관계가 있는 건축, 영화, 그래픽, 현대음악, 배경음악, 대중가요, 현대미술, 환경조각 등이라고 하겠다.

다른 구분으로는 형태가 있어 일정한 장소를 차지하고 있어서 실체를 즉시 이해할 수 있는 조각, 건축과 같은 공간예술과 시간의 흐름에 따라 그 전체를 이해할 수 있는 문학, 연극, 영화, 무용, 오페라와 같은 시간예술로 나눌 수 있다. 연극, 영화와 같이 인간의 행위와 형태에 바탕을 두고 일어날 수 있는 상황을 재현시킨다는 의미의 재현예술 또는 모방예술, 감정을 직접적이고 직설적으로 표현하며 새로운 형태를 창조한다는 의미의 자유예술에는 회화, 조각, 건축 등이 있다.

이상에서와 같이 이제까지의 건축은 응용예술, 공간예술, 자유예술 등으로 생각하여 왔는데 현대에는 예술 상호간의 구분이 없어지고 있으며, 이러한 구분이 명확해지지 않고 있다. 건축은 박물관 속의 예술품처럼 개별화될 수는 없지만 모든 사람들에게 영향을 주는 하나의 예술품이라 하겠다. 새로운 건물이 당신의 바로 이웃에 세워진다면 보지 않을 수가 없다.

건축은 폭넓은 사회적, 정치적, 문화적 영향력의 지배를 받고 더불어 사회를 반영하거나 그 사회의 가치를 전달해 준다. 건축은 예술이면서 또한 과학이다. 과학으로서의 건축은 훌륭하게 설계되어 튼튼하며 실질적인 구조물을 만들어내야 한다. 예술로서의 건축은 미학적으로 즐거움을 주는 구조물을 만들어내야 한다.

이것은 결국 건축이 인간이 생활할 수 있는 공간을 만들면서 인간에게 포근하고 아늑한 보호 역할을 하면서 아름다움을 느낄 수 있어야 한다는 것을 의미한다.

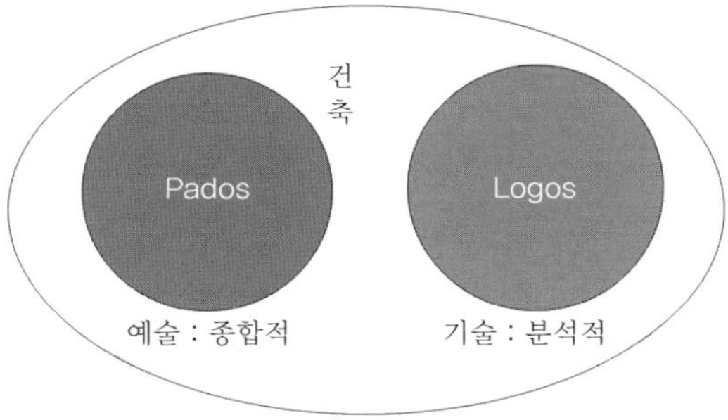

건축은 이성과 감성의 두 가지 속성을 가지고 있다.

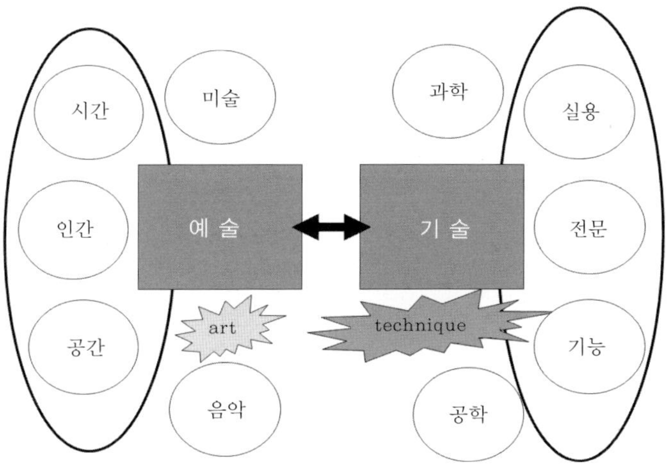

건축은 예술과 기술의 양면성이 존재하는 것으로 이해된다.
미적인 감각과 기술적인 세심한 능력이 동시에 필요하다.

1-4 건축과 건물

좋은 건축물이란 무엇인가? 멋지고 아름다운 외부형태와 내부로 들어가면 이름다운 대리석이 깔려 있고 푹신한 양탄자와 우아한 의자와 식탁, 정원에는 예쁜 꽃들이 화려하게 피어 있고, 분수에서는 물이 뿜어져 나온다. 거기에 수영장과 테니스코트가 있고…. 이건 너무 비약하는 것은 아닌지? 이것은 우리가 건축을 생각할 때 그 집에서 살아가기 위한 기능 이외에 기대하는 바가 또 있다는 점이다. 무엇인가를 아름답게 인식하고 싶고, 안락하고 아늑하게 느끼고 싶은 마음인 것이다. 이것이 인간이 만든 기계나 장치와 다른 점이라고 할 수 있다.

불국사와 같은 건물은 우리에게 무언가 깊은 감명을 준다. 이런 것을 건축이라고 하겠다.

예술적인 감흥이라고 바꾸어 설명할 수 있는 그 무엇이 있어야 사람은 만족할 수 있다. 그것이 바로 우리가 좋은 건축이라고 할 수 있는 요건이 아니겠는가? 이러한 관점에서 건축과 건물을 구분해서 몇 가지 말을 인용하기로 한다.

건축역사가인 페브스너(Pevsner)는 "차고는 건물이고, 궁전은 하나의 건축이다. 사람이 들어가는 데 충분한 넓이를 갖춘 것을 건물(Building)이라고 할 수 있다면, 건축(Architecture)이란 말은 미적 감동을 목표로 설계된 건물에 사용할 수 있다."고 하였다.

브리태니커 사전에는 "건물(Building)이라는 것은 실용적인 목적을 위해서 세워지는 것이다. 건축(Architecture)은 조화에 대한 배려가 되어 미가 만들어지는 것"이라고 쓰여 있다. 독일의 마이어 백과사전에도 건축(Architektur)과 가옥 · 구축(Bauwerk)을 구별하고 있다.

로마시대의 건축가이자 비평가, 사상가인 비트루비우스는 "단순한 생각으로는 어떤 공간을 가지고 있는 구조물을 건물이라고 부를 수 있으며, 이 구조물이 적절한 기능(Function)과 그 기능에 적절한 구조(Struction)를 이루면서 아름다움(Beauty)을 지닌 것을 건축이라 할 수 있다."고 하였다.

이란 에스파한 모스크의 종유석 천장을 보면 그 아름다움에 찬탄하지 않을 수 없는 건축이라는 생각이 든다.

프랑스 시인 발레리(Paul Valery)는 첫째, 침묵의 건축이라는 것은 단순한 소재의 집적에 지나지 않는 것. 둘째, 이야기하는 건축은 건물의 용도를 만족시키고 그 성격을 명확히 표현하고 있는 것. 셋째, 노래하는 건축은 예술적 감명이 넘치는 건축 등 세 가지로 분류하였다. 이것은 건축이 단순한 기능적 해결이 아닌 무엇인가 인간에게 감동을 주어야 한다는 뜻으로 이해할 수 있다. 그러면서 그는 “너는 이 거리를 산책할 때 거기에 즐비한 건물 속에서 어느 것은 아무 말이 없고 어느 것은 말하고, 또 드물기는 하지만 노래한다고 하는 것을 느끼지 못하는가?” 라고 말한다.

1-5 건축의 동기

건축을 계획하고 공간을 만드는 동기는 무엇일까? 왜 사람들은 건축물을 만들려고 하는 것인가? 지역마다 사람마다 또는 시대별로 모두 다른 환경에 처해 있으므로 지구상의 건축물들은 각각의 특색을 가지고 있다.

인류가 문명을 이루고 도시를 이루어가면서 각기 특별한 문화적 독특성(Identity)을 나타내고 있는 것은 각기의 역사적 배경이 다른 까닭일 것이다.

이제까지의 건축물들에 대해 왜 그런 건축이 되었을까? 하고 생각하면서, 그러한 건축물을 건립하게 된 원인이나 영향을 살펴보는 것도 의미가 있을 것이다.

1) 상징과 이미지

건축물은 어떤 상징과 이미지를 나타내려는 동기를 가지고 있다. 메소포타미아처럼 평탄한 지형에서 권력자의 권위를 나타내는 것은 왕이나 귀족에게 중요한 것이었다. 이러한 의미에 잘 부합되는 것은 산처럼 생긴 건물이 될 것이다.

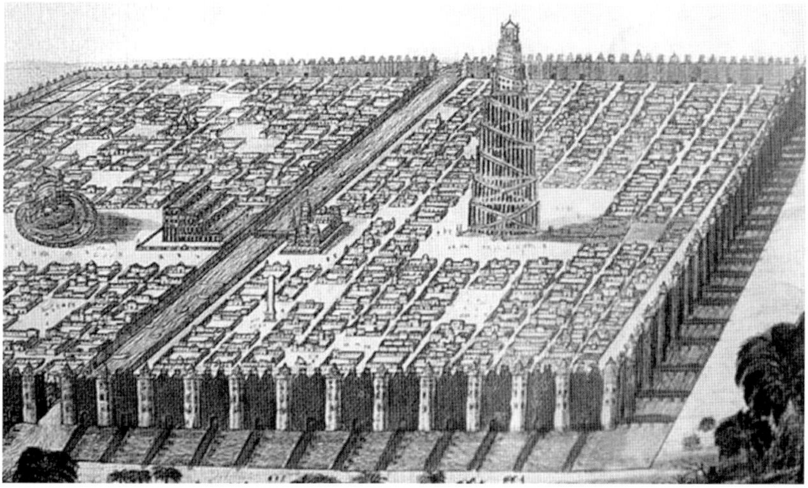

메소포타미아의 지구라트 : 평탄한 지형에서 산과 같은 이미지를 갖는 상징물이다.

마천루는 새로운 부의 상징과 기술의 상상력으로 나타내는 것이다. 새로운 대륙에서 이루어진 꿈을 나타내는 건축물들이 이에 해당된다. 어떠한 도시가 새로운 활력을 갖게 하기 위하여 야심적으로 박물관을 계획한다. 이 박물관을 설계한 유명한 건축가 덕분에 이 도시는 넘치는 관광객으로 시 재정에 엄청난 도움을 받고 있는 경우도 있고, 아름다운 항구도시에 흰 돛을 가진 배가 항해하는 모습이 생겨났다. 또한 오페라 극장은 그 도시에서 영원한 상징물이 될 것이다.

마천루의 모습은 새로운 신천지의 꿈을 상징한다.

빌바오의 구겐하임박물관은 이 도시에 활력을 다시 찾게 하였다.

시드니 오페라하우스는 호주 시드니항의 영원한 긍지와 상징이 되었다.

2) 외적으로부터의 보호

인간의 문화와 문명이 발전하면서 많은 전쟁과 분쟁이 있었고 본능적으로 자신의 부족과 나라를 보호하고 이를 방어하려는 건축적 기능은 매우 중요하였다. 기능적인 면과 적을 제압하고 압도하기 위하여 높은 산과 구릉지에 성을 쌓기도 하고 성곽을 두르기도 하였다. 그러면서도 한편으로는 위엄을 나타내면서도 아름다운 건축물을 만들었다.

바이에른의 루드비히 2세가 건설한 노이슈반슈타인 성은 그 아름다움으로 인해, 디즈니회사의 로고에 사용되었다.

오사카 성은 멀리서도 적이 위압감을 느끼도록 높고 견고하게 지어졌으며, 또한 아름답고 화려하다.

중국의 만리장성은 달에서도 보인다.

3) 종교와 신앙

사람들은 종교를 통해 현세의 어려움을 극복하고 내세의 복을 기원하기도 하였다. 그래서 신의 영역으로서 사원과 묘지를 건립하고 신전을 마련하여 인간의 나약함을 상쇄하고 위로를 얻으려고 하였다. 이는 세계적으로 어느 지역에서나 공통적인 영역으로 신성시하였다. 끊임없는 문제들로 인간은 바로 신에게 의지하고, 신에게 호소하는 변하지 않는 공간을 필요로 하였다. 이러한 것이 때로는 공간으로 나타나기도 하고 장소로 한정되기도 하고 또는 상징적 조형물이 되기도 한다. 조각이 되기도 하지만 큰 의미로 보면 이러한 것들은 모두 인간의 삶에서 떼어낼 수 없는 한 부분이다.

일본 나라의 동대사, 일본 사찰의 특징을 그대로 나타낸 절로서 그 나라의 문화적 특성을 볼 수 있다.

가우디의 성 파밀리아 성당, 스페인, 바르셀로나 종교적인 신념과 개인의 천재성이 어우러져 기념성이 높은 예술작품이다.

르 코르뷔지에의 롱샹교회는 종교적 용도의 건축물이 예술적 가치를 갖고 인간에게 감동을 주는 예이다.

티벳 라사의 궁, 종교와 정치가 일치된 국가의 상징적 의미이자, 모든 것의 중심으로서의 의미가 있다.

4) 도시의 삶

도시에서 삶이 결과적으로 다수의 사람들을 중요한 대상으로 간주해야 한다는 점이 중요하다. 많은 사람들이 한 번에 모일 수 있고, 하나의 행동을 할 수 있는 가능성이 있어야 하며, 그러나 개개인이 추구하는 바를 충족시키는 공간도 필요하다. 대규모의 공간을 어떻게 구축하고 만들 수 있는 가는 18세기 이후 인간을 위한 건축에서 중요한 과제가 되어 왔으며, 이런 점이 건축구조기술의 발전을 촉진하고 기술의 변화를 가져오게 되었다.

또한 인간은 도시의 삶이라는 새로운 문화방식에 적응하면서 도시인이라는 도시성(Urbanity)을 가진 삶의 행태를 창조해 냈다.

도시는 건축으로 이루어진 새로운 생명체라고 하겠다.

건축은 여러 가지의 집합체로 이루어지면서 도시를 이루게 되었고, 이러한 도시는 건축으로 이루어진 새로운 생명체라고 하겠다. 건축이 복합적으로 상관관계를 가지게 되자 도시 자체가 생성되고 소멸되고 반복되고 개선되는 과정을 필요로 하게 되었고, 스스로가 이런 요구를 창출하면서 건축물 개개에서는 나타나기 어려운 도시적인 개념 즉 도시성이 나타나게 된다.

어떤 지역은 슬럼화되거나 빈민가가 되고, 어떤 지역은 스스로 생명을 가지고 변화하기도 한다. 새로운 계획에 의해 신도시가 이루어지기도 하며 새로운 지역을 개발하여 생명력을 가지기도 한다.

도시의 많은 사람들의 소통을 위하여 대규모의 공간이 만들어져야 했다. 옥토버페스티벌, 독일, 뮌헨

도시 속에서의 삶에서 가로는 중요한 역할을 한다. 가로는 모든 도시에서 혈관의 역할을 하는, 모든 유통의 신경조직이라고 하겠다. 가로는 때로 광장을 만들고 교통의 순환을 만들어주기도 하며 사람들에게 휴식의 공간을 제공하는 등, 공공공간으로서의 역사적 흔적을 남기기도 한다. 혁명의 흔적과 안식의 추억이 남겨지는 인간적 공간이 되는 것이다.

유럽의 도시들은 종교적 공간인 교회를 중심으로 전개되고, 발전되어 온 예도 많다. 오스트리아, 잘츠부르크

도시 속의 가로는 인체의 혈관과도 같다. 중국 상해에 우리나라 임시정부가 있던 건물이 위치하던 뒷골목의 현재 사진(우측)

5) 기술적 발전

시대가 변화하면서 점차적으로 새로운 자료와 새로운 건축기술이 새로운 건축의 공간과 시스템을 다양하게 만들고 가능하게 하였다. 최초로 이런 조짐을 보인 것이 영국 런던에 건립되었던 수정궁이었고, 이러한 철골과 유리로 된 건축물은 현대에는 보편적이지만 시대마다 그 시대를 앞선 디자인과 건축의 새로움에는 획기적인 기술의 뒷받침이 토대가 되었다. 근대건축에 있어서 파리의 에펠탑이 이에 대한 효시였다면, 1970년대의 퐁피두센터, 1980년대의 홍콩 상하이 은행은 현재에 이르는 획기적 건축의 표본(Prototype)으로 볼 만하다.

퐁피두센터의 구현은 기존의 상식을 깨뜨리고 새로운 건축을 가능하게 하는 기술 발전의 토대가 되었다고 할 수 있다. 렌조 피아노, 리처드 로저스 설계

홍콩 상하이 은행은 소위 하이테크 건축의
예를 제시하였다. 노먼 포스터 설계

1-6 건축가

건축가는 오케스트라의 지휘자와 같은 직무를 가진 사람이다. 모든 분야의 사람들과 협력하고 그들을 리드할 수 있어야 한다. 예를 들면 공학기술자, 도시계획 및 지역계획자, 인테리어 디자이너, 인더스트리얼 디자이너, 조경, 색채 및 조명전문가, 목수, 그래픽 디자이너, 미술가, 구조전문가, 토목기술자, 설비기술자, 그리고 컴퓨터기술자 등과 같은 전문가들이다. 이러한 사람들 이외에도 자신에게 일을 맡겨주는 사람들 즉 건축주와의 관계도 유지해야 하며, 건축 관련 관리자들과도 원만한 관계를 가져야 한다. 또한 건축현장에서는 직접 일을 담당하는 일꾼들과도 협력하고 그들을 지도해야 하는 역할도 수행해야 한다.

따라서 건축가는 자신의 이념과 생각을 표현할 수 있도록 스케치와 도면작성 능력이 있어야 하며, 전체 건축물을 시각화할 수 있는 능력, 건축과정에 대한 이해능력, 자재의 형체와 기능에 관한 지식, 디테일을 살필 수 있는 명석한 두뇌, 공간적 원근감, 적절성에 대한 판단능력, 과학적이며 수학적인 능력이 있어야 한다. 또한 스트레스를 받으면서도 일할 수 있는 능력, 다른 사람과 어울릴 수 있는 능력, 인내심이 있어야 함은 물론 다른 사람을 감독할 수 있는 능력과 훌륭한 상상력이 있어야 한다. 이러한 건축가가 되기 위해 필요한 여러 가지 요소와 교육에 대하여 이야기한 것을 정리하면 다음과 같다.

1) 비트루비우스(Vitruvius)

저서 『건축 10서(The Ten Books on Architecture)』에서 건축가가 가져야 할 여러 가지 조건을 다음과 같이 말했다.

① 여러 가지 학문과 교양에 대한 지식을 구비해야 한다. 즉 이론과 실기를 겸비해야 한다.

② 건축 분야의 양면성에 정통해야 한다.

③ 천부적 재능과 후천적 배움이 있어야 한다.

④ 학문적이고 회화에 숙달하며, 기하학적인 역사에 능통하고, 철학자의 말에 귀를 기울이며, 음악을 이해하고, 의술을 알고, 법률가의 견해나 천문이론에 관한 지식도 갖추어야 한다. 즉 생각을 오래 기억할 수 있도록 문장력을 겸비하고, 의도하는 작품을 표현할 수 있도록 회화에 숙달하고, 건축의 중요한 기반이 되는 기하학을 알아야 하며, 장식에 대한 채용동기를 말할 수 있고 건축에 다양성을 부여하기 위해 역사가 필요하며, 마음을 넓게 하고 성실과 청렴을 위하여 철학을 공부해야 하고, 수학이론과 같이 음악이론은 비례, 조화 등을 알기 위해 수학이론 및 음악이론이 겸비된 음악을 알아야 하며, 쾌적한 환경을 위해 사람의 신체적 · 정신적 특성을 이해하는데 필요한 의

학도 알아야 한다.

⑤ 방대한 양의 교육을 위해 어릴 때부터 단계적인 교육이 요구된다.

⑥ 전문적인 최고의 지식보다는 전체적이고 포괄적인 기술과 학문의 성취를 이루어야 한다.

이상에서 보는 바와 같이 교육과정의 상세한 언급은 없으나, 어릴 때부터 광범위한 분야에 걸쳐 관심을 가지고 단계적인 교육을 받아야 하며, 제한된 분야의 상세한 지식보다는 전체적이고 포괄적인 지식이 필요하며 이론과 실제가 겸비되어야 한다고 서술하고 있다.

1) 루이스 설리번(Louis H. Sullivan)

루이스 설리번 1856~1924년

루이스 설리번은 미국 시카고 대화재 이후 도시의 복구 과정에서 철골을 사용한 마천루 건축을 선보이며, 최초의 미국식 건물양식을 선도한 건축가로 평가받는 건축가이다. 그의 건축 특징으로는 곡선과 아치를 사용한 아르누보 스타일의 의장, 단순한 외부와 화려한 내부의 조화, 화려한 의장이 가미된 마천루 등이며, 저서로는 'The autobiography of an idea', 'Ornament und Architektur: a system of architectural ornament', 'The Public Papers' 등이 있다.

① Form follows function(형태는 기능에 따른다).

② Every building is like a person. Single and unrepeatable (모든 건물은 사람과 같다. 유일하며 반복될 수 없다).

③ 건물의 장식/의장은 표피적인 것이 아니라, 건물의 구조 내부에서 우러나오는 유기적인 것이어야 한다.

④ 합리적인 건축물은 모든 상황에서 자연스럽고, 논리적이며, 시

적으로 나타납니다.

⑤ 시각과 상상력, 지성, 그리고 인간 욕구에 대한 공감을 수직적 언어와 시간으로 해석하는 힘을 가진 건축가는 돌로 시를 쓸 수 있다.

⑥ 예술은 살아 있으며, 삶으로부터 일깨우고, 영감을 불러일으키며 영혼에 환상을 불어 넣으며, 정신에 숨을 불어 넣는다.

⑦ 건물 설계에 집중하기 위해 잠시 장식을 사용하지 않는 것도 좋은 방법일 수 있다... 장식이 없는 건물은 장점도 있지만 단점도 있다... 우리는 누구나 낭만적 사고를 가지고 있으며, 언제든지 그것을 나타내려고 하는 갈망이 있다... 건물들은 그래서 건실한 구조뿐만 아니라 그 위에 시적 이미지(poetic imagery)의 우아한 옷을 입으려 한다. 듣기 좋은 목소리에 아름다운 멜로디가 더해지면 효과가 두 배가 되듯이 말이다.

그는 미국 신건축의 시조로서 유기적인 건축을 추구하였으며, 이러한 그의 건축철학은 제자 프랭크 로이드 라이트에게 계승된다.

2) 프랭크 로이드 라이트(Frank Lloyd Wright)

그는 저서 『건축의 미래(The Future of Architecture』를 통하여 다음과 같이 말하였다.

① 그 시대에 있어서 훌륭하다고 생각하는 것들을 제외한 세상의 모든 건축물을 잊어버려라.

② 건축 그 자체를 사랑하는 것이 아니라면 누구도 건축을 생계수단으로 삼지 말아라.

③ 공학의 설명자로서가 아닌 건축

프랭크 로이드 라이트 1867~1959

학교는 경계하여라.

④ 현대적 건물을 만드는 기구와 방법들이사용되고 있는 현장으로 가라. 아니면 구조나 시공의 성격을 이해하고 자연스럽게 건물 설계에 들어갈 수 있을 때까지 전적으로 구조나 시공 분야에 머물러 있어야 한다.

⑤ 여러분을 기쁘게 하거나 혹은 불쾌하게 하는 어떤 느낌에 대해서 '왜' 라는 의문을 제기하는 습관을 가져라.

⑥ 어느 것도 아름답거나 혹은 추하다고 당연시하지 말며 모든 건물을 분해하고 특징을 찾아라. 아름다운 것과 호기심을 끄는 것의 구별을 배워야 한다.

⑦ 분석하는 습관을 길러라. 그것은 마음속에서 종합하는 자세로 이끌어 갈 것이다.

⑧ 나의 옛 스승이 말했듯이 "단순요소에 의해 생각하라." 이는 전체를 가장 단순한 요소에 의해 각 부분으로 분해하는 것을 의미한다.

⑨ 쉽게 전직해버리는 미국식 사고의 독소를 버려라. 미숙한 상태에서 실무에 뛰어드는 것은 건축가로서의 생존권을 팔아먹을 수 있다.

⑩ 준비하는 시간을 가져라. 건축실무에 들어가기에 앞서 갖는 준비기간으로서의 10년간은 결코 긴 시간이 아니다.

⑪ 처음으로 건물을 짓게 되었을 때는 되도록 그 집으로부터 멀리 떠나라. 의사라면 본인의 실수를 덮어버릴 수도 있지만 건축가는 그 실수를 변명할 여지가 없다.

⑫ 성당을 짓는 것만큼이나 닭장을 짓는 것도 중요하다고 생각하라.

⑬ 초보적인 경우를 제외하고는 절대로 현상에 참여하지 말라. 그 어떤 현상도 진짜 결과는 평균의 평균에 의한 평균일 뿐이다.

⑭ 계획된 설계안을 사려는 사람을 경계하라. 자신을 대신하여 아이디어를 찾는 것에 대해 보수를 지불하지 않는 사람은 신용 없는 고객임을 입증하는 것이다.

⑮ 건축에서는 일이 사람을 찾아야지, 사람이 일을 찾아서는 안 된다.
⑯ 걸작품을 존경하라.

이상과 같이 그는 건축가가 되는 길은 멀고 힘든 수련이 필요하며 근본적으로 건축을 사랑하는 사람만이 가능하다고 말한다.

3) 발터 그로피우스(Walter Gropius)

발터 그로피우스, 1883~1969

그는 저서 『건축의 역할(Scope of Architecture)』를 통하여 "모든 건강한 사람은 형태를 상상할 수 있는 능력을 갖고 있다고 믿는다. 문제는 창조적인 능력의 존재가 아니라 그 창조적인 능력을 발표하는 열쇠를 찾아내는 데에 있다."고 하면서,

① 건축가는 건축과 관련되어 야기되는 사회적 · 기술적 · 경제적 및 예술적 문제들을 통합해야 하는 조정가로서의 통찰력과 전문적인 능력을 가진 사람이어야 한다.
② 건축공부를 할 때에는 지식보다 방법이 더 중요하다. 건축가는 부분적인 것보다는 전체적인 훈련을 하여야 한다. 항상 인간이 대상의 초점이 되어야 하며 공동생활에 관련된 문제를 다루어야 한다.
③ 삼차원적인 개념은 건축의 기본적인 훈련이다. 조형예술의 모든 분야에서 시각표현의 흥미를 자극시키는 방법으로써 거리를 파악하고 인간이 척도를 인지하도록 훈련해야 한다. 이러한 훈련은 구성상의 효율적인 의미에서 방법의 질적인 조화를 갖게 하고, 동시에 삼차원적 공간을 조직하기 위한 본능적 확실

성을 획득하기 위해서 없어서는 안 되는 것이다.

④ 지식은 오로지 개인적으로 의미가 있어야만 그 활력을 갖게 한다.

⑤ 처음에는 기초적 디자인 및 현장과 결부된 실습이 필요하다.

⑥ 초기에 현장경험을 쌓도록 한다. 현장주임이나 감독의 조수로서 현장에서 직접 실습하는 것을 뜻한다.

⑦ 시공(Construction)도 디자인과 마찬가지로 동일하게 알아야 한다.

⑧ 관계된 기술을 가진 사람들과 더불어 일할 수 있어야 한다.

⑨ 역사 연구는 처음으로 건축을 시작하는 시기에 배우는 것보다는 어느 정도의 경험을 가진 후에 하는 것이 경험과 모방을 적절히 조화시킬 수 있는 방법이라고 할 수 있다.

⑩ 건축학과 디자인을 가르치는 교수는 학술적인 이론을 갖추고 충분한 설계경험이 있는 사람에 한하여 임명되어야 한다. 최선의 교육방법은 자극에 있다고 보며, 이러한 일은 넓은 경험을 가진 교수만이 계속적으로 학생들을 자극시킬 수 있다.

⑪ 보다 작은 규모의 건축학교가 큰 규모의 학교보다 더 능률적이다.

⑫ 교수 일인당 바람직한 학생 수는 12~16명이다.

이상과 같이 그로피우스는 창조적인 것을 개발시키는 데 목적을 두고 있으며 잠재력이 있는 건축가들은 궁극적으로 우리의 현대적 상황을 직관적으로 올바르게 나타낼 수 있다는 것이다.

4) 루드비히 미스 반 데어 로에(Mies Van der Rohe)

미스 반 데어 로에는 발터 그로피우스, 르 코르뷔지에와 함께 근대건축의 개척자로 꼽힌다. 미스는 극적인 명확성과 단순성으로 나타나는 주요한 20세기 건축양식을 만들어냈다. 최소한의 구조 골격과 그 안에 포함된 거침없는 열린 공간을 통해 유니버설 스페이스(unoversal space)를 만들기 위해 노력하였다.

① Less is More(적을수록 나은 것이다).

② God is in details(신은 디테일함 안에 있다).

③ 건축은 공간 속에서 변화되어가는 시대의 의지다.

④ 고딕 건축, 르네상스 건축이 시대의 정신을 대표했던 것처럼, 그 또한 시대를 대표하는 새로운 재료를 이용한 표현적이고, 조화로운 건축을 구현하기 위해 노력하였다.

루드비히 미스 반 데어 로에, 1886~1969

⑤ 미스 건축의 5원칙

첫째, 건축적 요인으로서 구조

둘째, 공간의 건축적 문제

셋째, 건축 표현 수단으로서 비례

넷째, 재료의 표현 가치

다섯째, 회화와 조각과 건축의 관계 이해

⑥ 현대적 공간이란 과거의 공간과 달리 개방되며, 균질하고, 가변성을 가지며, 내외부가 상호 관입되는 공간이다.

⑦ 우리가 갈 길은 무엇입니까? 매주 월요일마다 새로운 건축을 고안해내는 것은 가능하지도, 필요하지도 않습니다. 우리는 한 시대의 끝이 아닌 시작에 있습니다. 이 시대는 새로운 정신에 의하여 지배될 것이며, 새로운 기술적 · 사회적 · 경제적 힘에 의하여 움직일 것이며, 새로운 방법과 새로운 재료를 구사할 것입니다. 이 때문에 새 건축이 생길 것입니다. 그렇다면 건축은 문명의 가장 의미 있는 노력에만 연관되어야 합니다. 한 시대의 본질을 꿰뚫는 연관 관계만이 진실합니다. 이 연관 관계를 나는 진실성의 양면관계라 부르고 싶습니다. 토머스 아퀴나

스가 말하는 'Adequatio intellectuserei'의 '진실' 또는 현대의 철학자가 현대어로 표현하듯이 '진실이란 사실의 의의' 입니다. 이러한 의미의 연관관계라야 우리 문명의 복합성을 포용할 수 있습니다. 그렇게 함으로써 건축이 우리 문명의 형태가 천천히 변해 가고 있는 것을 표현할 수 있을 것입니다.

미스 반 데어 로에는 전통적 디자인 양식의 결점을 비판하고, 새로운 기준을 정의하며, 대안적인 디자인 방안을 창조하고자 노력하였다. 그는 그가 살고 있던 시대의 성격과 본질이 무엇인지 더욱 잘 이해하기 위해 과거와 당시의 위대한 철학자들과 사상가들에 대해 공부하며, 추상적 개념을 건축에 적용하고자 하였다. 그의 건축은 단순한 기하학적 형태를 기능적으로 사용하는 것을 받아들이고 발전시켰으며, 이성적인 사고를 이용하는 엄밀한 디자인 과정을 적용했다.

5) 르 코르뷔지에(Le corbésier)

르 코르뷔지에 1887~1965

그는 현대건축 및 도시계획의 선구자로서, 『건축을 향하여(Vers une architecture, 1923)』, 『빛나는 도시(La Ville radieuse, 1942)』, 『모듈(Le Modulor 1/2, 1948/1955)』 등의 대표적인 저서를 남겼다. 그가 제안한 건축과 도시의 이론들은 1, 2차 세계대전 이후 도시와 건축의 개발과 발전에 큰 영향을 미쳤다. 그의 주요 이론과 도미노 시스템(Domino)과 신건축의 5원칙은 다음과 같다.

① 주택은 살기 위한 기계다.

② 건축은 태양 아래 집합된 정확하고 장엄한 볼륨의 상호작용이다.

③ 곡선도로는 당나귀의 도로이고, 인간을 위한 길은 직선도로이다.

④ 건축은 어떤 형식과 아무런 관계가 없다. 루이 14세 · 15세 양식이라던가, 고딕양식이라던가 하는 것은 건축에 있어서 부인 머리를 장식하는 새털과 같은 것이다. 그것을 대신하는 것은 보편적 원리를 내포하는 건축의 형이며, 기계와 파르테논 신전은 그 상징으로 이루어졌다.

⑤ 도미노 시스템(Domino)이란 기둥 6개와 2장의 슬래브, 단순한 수직동선 체계로서의 계단으로 벽체가 구조로부터 독립된 철근 콘크리트 건축물의 기본 구조이다.

⑥ 신건축 5원칙

첫째, 철근콘크리트 기둥인 필로티(pilotis)로 무게를 지탱하며 건축 구조의 대부분을 땅에서 들어올려 지표면을 자유롭게 한다.

둘째, 외벽과 내벽이 구조적 기능과 하중에서 해방되어 골조와 벽이 기능적으로 독립된다.

셋째, 내력에서 해방된 내벽은 평면구성을 자유롭게 할 수 있다.

넷째, 외벽은 하중에서 해방되어 자유로운 입면을 갖는다(free plan, ribbon window).

다섯째, 지붕은 평지붕으로 처리하여 개방함으로써 옥상정원이 된다.

⑦ 주택 구성 4형식

첫째, 유기적 이유로 인접물의 옆에 나타나는 각 기관으로 연결되는 형식 - 라로슈(La Roche)

둘째, 순수한 피복 속에 기관들이 들어간 형식 - 가르슈 (Garches)

셋째, 외부로 노출된 독립 구조와 투명한 외피로 구성된 형식 - 슈투트가르트(Stuttgart)

넷째, 외부는 2형의 순수한 피복, 내부는 1형과 3형이 허용된 형식 - 사보아(Savoye)

르 코르뷔지에는 시대의 흐름 속에서 현대적 기술과 재료를 이용한 새로운 건축의 방향을 제시함으로써 현대의 건축과 도시에 큰 영향을 미쳤다. 그는 혁신적인 사고와 접근을 통해 다가오는 시대의 방향을 제시함으로써 세계 각국에 여러 건축물을 남겼으며, 가장 대표적인 근대건축의 개척자로 손꼽히고 있다.

6) 루이스 칸(Louis Isadore Kahn)

루이스 칸, 1901~1974

그는 미국 펜실베이니아주를 중심으로 활동한 세계적인 건축가이다. 그는 엄격한 고전주의 전통을 강조하는 Beaux-Arts의 영향을 받은 건축 교육을 받았다. 다양한 실무경험 후 그는 예일대학교와 MIT, 펜실베이니아대학 등에서 교수생활을 하며 다양한 건축물을 설계하였다.

① 건축에 있어서 새로운 실체는 물질이 아니라 공간이다.

② 오더(Order)란 '~가 되려고 원하는' 이상이며 디자인(Design)이란 특정한 상황의 결과로서 생긴 것을 의미한다.

③ 공간은 '봉사받는 공간'과 '봉사하는 공간'으로 나뉜다.

④ 기하학적 형태란 그저 딱딱한 미니멀리즘과는 다르다. 'Form'을 최대한으로 표현해주는 물리적 속성을 발견하고, Form의 의지에 명확한 실체를 주는 것을 뜻한다. 또한 아름다움이란 '놀라움'에서 얻어지는 것이다.

⑤ 본질에 대한 질문은 숙련된 전문가보다 미숙한 구도자의 속에서 생긴다.

⑥ 자연은 선택하지 않고, 단지 자연의 법칙을 해명할 뿐이며, 모든 것은 상황이 서로 얽히며 디자인되는데, 바로 이 얽힌 상황에서 사람은 선택하게 된다. 예술에는 선택이 포함되며, 인간

은 자신이 하는 모든 것을 예술로 만들어낸다. 이것을 인식할 때, 우리는 우주의 법칙에 대한 감각을 갖게 된다. 어떤 이는 풀잎 하나만 알아도 우주의 법칙을 다시 구축할 수 있지만, 어떤 이들은 우주 그 자체인 질서를 발견하는데 무엇이 필요한가를 깨달을 수 있기 전에 정말로 수많은 것을 배워야 한다.

⑦ 그러나 깨달음은 결코 자연에서 나오는 것이 아니다. 깨달음은 표현되기를 바라는 영혼의 놀라움을 인간이 표현해야 한다고 하는 감각의 신비로움에서 비롯하는 것이다. 삶의 이유는 표현하는 것이며, 증오를 표현하는 것이고, 사랑을 표현하는 것이며, 통합과 능력, 그리고 모든 무형의 사물을 표현하는 것이다. 마음은 영혼이며, 지성은 우리의 단독성이 생기는 악기이며, 사물에 대한 의견을 모으는 도구이다.

⑧ 건물은 시계 속의 세계이다. 예배의 장소, 가정의 장소, 인간의 다른 시설의 장소를 구체화한 건물은 그것의 본성에 대해 진실해야 한다. 살아 있어야 할 것은 바로 이러한 생각이다. 만일 이런 생각이 살아 있지 못하면 건축은 죽어 있는 것이다. 많은 사람이 건축이 죽어 있기를 바라고 있다. 왜냐하면 그들은 모방하기를 원하기 때문이다. 그렇지만 그들은 전체를 아우를 능력이 없다. 내가 걱정하는 것은 바로 이점이다. 그래서 오늘날 많은 이가 기계를 지나치게 신뢰하는 경향이 있다. 그들은 건축과 기계를 분리시켜서는 안 된다고 여기고 있는데, 그것은 기계야말로 그들이 가지고 있는 가장 큰 힘이기 때문이다. 이어서 우리는 건축이 없는 도시를 가지게 될지 모른다. 그러나 그런 도시는 도시가 아니다.

루이스 칸은 당시 시대의 건축 흐름인 국제주의 양식으로부터 동떨어진 자신만의 철학적 건축을 추구하였다. 그의 건축은 사유적 건축의 성격을 갖는데, 그것은 공간의 본질, 재료의 본질, 나아가 인간과 자연의 본질을 깊이 있게 다룸으로써 표현되는 방식을 취하는 것이라 하겠다. 그 결과 그의 건축은 매우 장엄하며 기념비적인 모습으로 드러나며, 기존의 모더니즘 건축의 단점과 한계를 뛰어넘는다는 평가를 받고 있다.

건축은 인간의 생활에 가장 밀접하게 연결되어 있으므로 인간이 살아가는 데 관계 있는 모든 부문에 걸쳐 영향을 받고 있다. 사회적 현상과 정치적 상황, 문화적인여러 가지의 요인이 건축에 영향을 미친다. 그러므로 건축가는 이러한 문화적 · 사회적 · 예술적인 경향뿐만 아니라 그에 대한 정확한 개념을 갖고 있어야 한다.

건축은 여기서 보는 것과 같이 인간에게 아늑하고 포근한 보금자리라는 것이 가장 정확한 정의가 될 것이다.

Chapter 2_ 건축의 역사

2-1 고대건축

2-2 중세건축

2-3 근세건축

2-4 근대건축

2-5 근대 이후 건축

2-1 고대건축

1) 이집트 건축

고대 이집트 문명은 BC 3200년경부터 고왕국, 중왕국, 신왕국을 거쳐 페르시아에 의해 정복된 BC 530년경까지 나일강 유역에서 형성되었다. 초기에는 갈대, 파피루스, 점토 등의 천연재료를 이용하다가 점차 후기에는 나일강 상류 산악지대의 석재를 채석하여 가공한 후 나일강을 통해, 하류지역으로 운송하여 사용하였다.

쿠푸 왕의 피라미드와 스핑크스

현세는 일시적 주거이고 사후의 분묘가 영원한 주거라 믿었던 이집트인들은 독특한 종교관에 의해 영혼불멸사상, 육체복귀사상으로 사체를 방부처리한 후 미라 상태로 분묘에 보관하였다. 분묘형태로는 마스타바, 피라미드, 암굴분묘가 있는데, 마스타바는 이집트왕조 초기에 왕, 왕족, 귀족의 분묘로서 후에 피라미드로 발전되었다. 피라미드는 이집트에서 만들어진 무덤이다. 기자에 있는 세 개의 피라미드가 대표적이며 이집트 제4왕조(BC 2613~2494) 시대에 세워진 것이고 이외에도 140여 개의 대·소 피라미드가 건설되었고 위치가 확인된 것만도 80여 개가 된다. 피라미드 중에서 가장 큰 쿠프 왕의 대 피라미드는 네 변의 길이가 모두 230m로 평균 2.5t의 무게와 어른 키 만한 돌로 소수점 첫째 자리에서 값의 차이가 날 뿐 거의 비슷하다. 또 각 밑변이 각각 동서남북을 가리키고 있고 밑변의 각 모서리가 90도를 이루는데, 그 오차는 무시할 정도로 적다.

조세르 왕의 스텝 피라미드

대 피라미드를 한 변의 길이가 30cm인 정육면체 블록으로 쪼개면 지구 둘레의 3분의 2까지 늘어놓을 수 있다. 무게로 따지면 총 6백만t 이나 된다.

이집트의 독특한 종교관에 따라 현인신인 파라오(Pharao)와 태양신인 라(Ra)와 암몬(Ammon)을 위한 신전을 전국 각지에 다수 건설하였다. 신전에는 장제신전과 예배신전이 있는데, 장제신전은 신전의 기능과 분묘의 기능을 복합화한 것이다. 대표적인 장제신전으로는 열주에 의해 지지되는 정방형 이중기단 위에 피라미드를 가설한 형태의 델 엘 바하리의 하트셉수트(Hatshepsut) 여왕 신전(BC 1501년)이 있다.

이 신전은 당시 이집트 왕궁 전속 건축가 센무트가 설계한 신전으로 산의 절벽을 배경으로 멘투호테프(Mentuhotep) 신전과 나란히 배치되어 있다. 또 람세스 2세(Ramesses)의 암굴신전 아부심벨(Abusimbel, BC 1302년)이 있는데, 입구 전면에 4개의 거대한 조각상이 위치한 점이 특징이다.

암몬 대신전의 열주

예배신전은 태양신인 라와 암몬, 그들의 방계 신들을 위한 예배의 신전이다. 진입로인 참배도(Dromos)가 있으며, 참도의 양쪽에 스핑크스를 배치하고 탑문의 전면에는 오벨리스크가 위치해 있다. 내부는 탑문, 중정, 다주실, 성소의 순서로 직선축상에 배치되어 있는데, 참배도로부터 성소에 이르는 공간적 특징은 중정에서 다주실을 거쳐 성소로 접근할수록 바닥은 높아지고 천장을 낮게 함으로써 공간의 투시효과를 창출하고자 하였으며, 특히 다주실은 상부에 설치된 고측창을 통하여 채광하도록 계획되어 있다. 외부는 평지붕의 계단식 형태로 신전 주위 벽은 안쪽으로 70도 정도 경사진 조적조의 경사벽으로 되어 있다. 그리고 주축을 중심으로 완벽한 좌우대칭형태로 구성되어 있다.

실례로는 카르나크(Karnak)의 암몬신전(BC 1971~1633년), 룩소르(Luxor)의 암몬신전(BC 1411~1225년), 테베(Thebes)의 람세스 2세 신전(BC 1301년) 등을 꼽을 수 있다.

아부심벨 람세스 2세 신전

2) 서아시아 건축

고대 메소포타미아 문명을 배경으로 티그리스 강과 유프라테스 강 사이의 메소포타미아 지방에서 발생한 건축은 독특한 가치를 가지고 있다. 구 바빌로니아, 아시리아, 신바빌로니아, 페르시아 등 서아시아의 건축양식은 점토로 햇빛에 말린 소성벽돌과 유프라테스 강 유역의 풍부한 아스팔트를 접착제로 사용했다. 조적식 구법의 발달로 아치, 볼트 조적식 구조를 주로 사용하였다. 성곽도시도 발달하여 도시 주변에 이중·삼중의 성곽을 건설하고 주요지점에 성문을 설치하였다. 도성 내의 건물들도 폐쇄적인 중정을 중심으로 장방형의 실들이 집약되는 평면을 사용하였다.

오벨리스크와 열주들

① 구 바빌로니아(Babylonia) 건축

BC 4000~1200년경에 수메르인들이 중심이 된 구 바빌로니아에 있는 함무라비 왕의 지구라트(Ziggurat)는 신에게 제사를 드리는 신전의 기능과 천문관측대로서의 기능을 동시에 가졌다고 하는데, 장방형의 평면형태이면서 외관은 계단형태로 이루어졌으며 최상부에는 신전이 위치하며 신의 거소이자 천체관측소의 기능을 한다.

지구라트의 예로 우르(Ur)의 지구라트(BC 2060년경), 초가 잠빌(Choga Zambil)의 지구라트(에람, BC 2150년)를 꼽을 수 있다. 주택은 점토와 갈대를 섞어 벽을 구축하고 전정, 침실 겸 거실, 저장고, 아궁이, 배수로 등으로 구성하였다. 하수나(Hassuna)의 주택(BC 4200년경), 테페 가우라(Tepe Gawra)의 중정형 주택(BC 3600년경)이 있으며 신전건축으로는 우루크의 백색신전(BC 3250년경)과 카파제의 타원형 신전(BC 3000년경)을 꼽을 수 있다.

② 아시리아 건축

BC 700년경 이집트와 히타이트를 정복함으로써 국가적으로 최절정기를 맞이한 아시리아는 테라코타 장식의 사용으로 메소포타미아 건축의 완성기라고도 한다. 대표적인 건축 실례로는 사르곤 2세(Sargon)의 궁전을 중심으로 계획된 사방 1,700m의 성곽도시인 코르샤바드(Khorsabad)시 도시계획과 그 내부에 위치한 샤르곤 2세의 궁전(BC 720년경)이 있다. 이 궁전은 중정을 중심으로 700여 개의 장방형 실들로 구성된 대규모의 궁전건축물이다.

③ 신바빌로니아 건축

BC 626년에 구 바빌로니아 문명을 계승한 신바빌로니아가 서아시아 지역을 지배하여 페르시아에게 정복될 때까지인 BC 538년까지 지속된 건축을 신바빌로니아 건축이라고 하는데, 이때 다양한 색채의 유약벽돌을 이용한 벽면장식 기법이 발달하였다. 바빌론 시의 도시계획(BC 626~538년)은 당시의 수도인 바빌론에 지구라트인 바벨(Babel)탑과 공중정원(Hanging Garden) 등을 포함한 성곽도시로서의 대도시 계획이다. 성곽의 성문인 이슈타르(Ishtar) 성문은 유약벽돌과 부조(Relief)를 이용하여 벽면을 화려하게 장식하였다. 공중정원(바빌론, BC 605~562년)과 바벨탑으로 유명한 지구라트인 마르두크 신전이 있다.

바빌론 네부카드네자르 2세의 지구라트는 주위의 자연 속에서 산이 없는 상황을 극복하는 상징적 의미가 있다.

④ 페르시아 건축

페르시아 건축은 BC 538년 페르시아가 신바빌로니아를 정복하고 서아시아의 강대국으로 등장하고 나서 그리스의 알렉산더 대왕에 멸망한 BC 330년 사이에 페르시아에서 전개되었다. 페르시아는 다리우스 왕(BC 522~486년) 시기에 이집트, 중앙아시아, 메소포타미아, 지중해 연안을 포함한 세계 최대 제국을 형성하였다. 특히, 석재와 목재가 풍부하여 가구식과 조적식 구조를 병용하여 사용하였다. 대표적인 것으로는 정교한 부조장식으로 유명한 페르세폴리스(Persepolis) 궁전(BC 500~450년)이 있는데 이 궁전은 인공기단 위에 건설된 대규모 석조가구식 궁전이다. 또한 다리우스 왕의 암굴분묘(BC 485년)와 대형 볼트(Vault)의 천장으로 덮인 대형 홀이 유명한 테시폰(Tesiphon)의 궁전(4C경) 등이 있다.

페르시아 페르세폴리스의 백주의 궁, 벽면은 조각과 의미를 전달하려는 매체로 가득하다.

3) 그리스 건축(BC 2000~AD 30)

그리스 건축은 에게시대의 미노아와 미케네가 붕괴된 후 로마제국에 의해 정복될 때까지 그리스의 헬레니즘 문화를 배경으로 로마 건축과 함께 고전주의 건축의 원형이 되었다. 지중해 연안의 풍부한 양질의 대리석을 정교하게 가공하여 사용하였으며, 석재 가공기술의 발달로 독특한 주범양식을 개발하여 만들어진 도리아식, 이오니아식, 코린트식 기둥양식이 있다.

이오니아 양식

코린트 양식

도리아 양식(Dorian Order Style)은 가장 오래된 기둥양식으로 단순하고 직선적이고 장중하며 남성적인 느낌을 준다. 주신에는 착시현상의 교정을 위해 배흘림(Entasis)기법을 적용하였으며 기둥에 골줄을 새김으로써 입체감과 수직성을 강조하였다.

이오니아 양식(Ionian Order Style)은 소용돌이 형상의 주두(Capital)가 특징이며, 우아함, 경쾌함, 유연감과 곡선적인 여성미를 주며 주초가 있고 배흘림이 약하며 주신에 골줄을 새겼다. 코린트 양식(Corinthus Order Style)은 주두를 아칸서스(Akanthus) 나뭇잎 형상으로 장식하였으며, 세 가지 기둥양식 중 가장 장식적이고 화려한 느낌을 준다.

그리스인들은 온난한 기후를 즐기기 위해 야외활동을 수용하는 개방적인 외부공간이 발달하였다. 따라서 건물 자체의 내부공간보다는 건물에 의해 형성되는 외부공간 광장 등에 관심이 많았다. 건축의 공간보다는 형태미를 추구하여 건물 외관에 치중하였으며, 기둥을 기본으로 하는 비례의 조화와 균형을 바탕으로 한 형태미를 추구하였다.

에렉테이온 신전

파르테논(Parthenon) 신전(BC 448~432, 아테네)은 아테네의 아크로폴리스(Acropolis)에 도리아식 양식으로 전후면 8주, 측면 17주의 주주식으로 구성되어 있다. 건축가인 익티노스(Ictunus)와 칼리크라테스(Calicrates), 그리고 조각가인 페이디아스(Pheidias)에 의해 페르시아와의 전쟁에서 아테네를 구출한 전승을 기념하기 위해 세웠다. 에렉테이온(Erectheion) 신전(아테네, BC 420~393년)은 이오니아식으로 파르테논 신전 북측에 위치해 있으며, 경사지에 3개의 신전으로 복합 구성되어 있고 특히 남측 입면의 여신상 기둥이 있다. 이외에도 테세이온(Theseion) 신전(아테네, BC 428년)과 코린트식의 올림피에이온(Olympieion) 신전(아테네, BC 174년)이 있다.

아크로폴리스는 성역의 장소로서 경관이 좋고 유사시에 방어하기 좋은 언덕에 있는데 입구에는 프로피아에라는 성문을 통과하여 진입하도록 되어 있다. 아고라는 도시생활의 중심적 장소로서 시민들의 정치, 경제, 상업 등의 일상적 활동을 수용하는 로마의 포룸과 유사한 기능을 하는 광장이다.

파르테논 신전이 있는 아크로폴리스 언덕의 현재 모습

에피다우루스 극장은 원형 옥외극장의 원형이 되었다.

이러한 야외의 공공광장으로서 광장을 중심으로 스토아, 시장, 공공기관, 극장 등이 주변에 배치되어 도시구조를 이룬다. 특히 스토아(Stoa)는 벽체 없이 지붕과 열주로만 이루어진 개방적인 야외 열주

회랑 형식의 건물로서 주로 시민들의 토론, 집회를 위한 장소로 활용되었다.

이외에 도시 근방의 자연 구릉지의 경사지형을 그대로 이용하여 극장을 건설하였는데 대표적인 것으로 디오니소스(Dionysos) 극장, 에피다우루스 극장 등이 있다.

특히 그리스인들은 신에 대한 제사행위에서 비롯된 올림픽으로 인해 체육시설이 발달하였는데, 로마 원형경기장의 원형인 히포드롬(Hippodrome)과 스타디온(Stadion)이 있다. 실내경기장인 팔라에 스트라(Palaestra), 체육학교인 짐나지온(Gymnasion) 등도 있다.

4) 로마 건축

로마제국이 건국된 BC 753년부터 동로마와 서로마로 분리된 BC 365년까지 지중해를 중심으로 이탈리아반도와 유럽, 북부아프리카, 서아시아 등의 로마식민지에서 전개되었던 건축양식이다. 건축재료로는 화산재와 석회를 혼합하여 콘크리트를 만들어 사용하였다. 석재 및 벽돌의 이용으로 조적술이 다양하게 발달하여 아치, 볼트 등의 구법이 활용되었다. 콘크리트의 발명으로 시공기술이 발달하고 아치 및 볼트의 사용으로 구조기술이 발달하였으며, 로마인의 정치적 · 군사적 강대함을 과시하기 위하여 대규모 건축물을 추구함으로써 내부공간을 중시하게 되었다.

기둥양식은 그리스 건축의 도리아, 이오니아, 코린트식의 세 가지 형식과 더불어 터스칸식, 복합식 등 다섯 가지를 사용하였다. 로마시대의 포룸은 그리스의 아고라(Agora)와 같이 도시의 중심으로서 정치, 상업, 사교, 교통 등의 제 기능이 집약되는 공공광장이다. 이 주위에 바실리카(Basilica) 신전 등의 공공건축물과 개선문, 기념주 등의 기념건축물이 위치해 있다.

실례로는 포룸 로마나(Forum Romana)가 있는데, 이 포룸은 포룸 5개소, 신전 14개동, 개선문 등으로 구성된 대규모 복합포룸이다. 5개소의 포룸 중 트라야누스(Trajan) 포룸이 가장 대규모이다.

로마인들은 그리스인들에 비해 내세적인 종교보다 현세에 대한 관심이 많았으므로 신전의 중요성이 적었다. 판테온(Pantheon) 신전은 원형 평면의 신전으로 내부공간의 형성과 발전에 출발점이 되었다.

판테온, 이탈리아, 로마

판테온 내부, 이탈리아, 로마

로마의 바실리카

바실리카는 법정과 상업교역소의 역할을 하며, 포룸에 면하여 위치한다. 장방형으로 길이는 폭의 2~2.5배인 정도이고 내부공간은 2열의 열주에 의해 중앙의 신랑과 양측의 측랑으로 분리된다. 포룸에 면한 방향에 주출입구를 내고 그 반대편에 법관석으로 사용되는 반원형의 후진을 설치하였다. 신랑의 높은 천장과 측랑의 낮은 천장의 고저차를 이용해 고측창(Clearstory)을 설치하였고 내부공간에 채광을 유도하였다.

줄리아 바실리카(Basilica of Julia, 로마, BC 42~25년)와 트라야누스의 바실리카(Basilica of Trajan), 콘스탄틴의 바실리카(Basilica of Constantine) 등이 있는데, 콘스탄틴의 바실리카는 막센티우스(Maxentius) 바실리카라고도 하며 포룸 로마나에 위치해 있다.

로마인들은 호전적이고 적극적인 성격으로 체육활동을 즐기기 위해 전차경주, 투기, 검투 등을 위한 체육시설을 다수 건설하였다. 원형경기장 콜로세움(Colosseum, 로마, 70~82년)과 베로나투기장(베로나, 290년), 폼페이투기장(폼페이, BC 70년), 막센티우스 전차경주장(Circus of Maxentius, 로마, 306~312)이 있다.

로마 콜로세움 원형경기장인 이곳에서 검투사들의 경기가 열렸다.

콜로세움은 장축 190m, 단축 156m의 타원형 경기장으로 50,000명을 수용하는 대규모 경기장이다. 외관은 원래 3층의 아케이드로 구성되어 있으며, 각층의 기둥은 1층은 도리아식, 2층은 이오니아식, 3층은 코린트식이고, 4층은 후에 증축되었다.

로마의 공공욕장은 단순한 목욕탕의 기능뿐만 아니라 다목적 시민 사교장의 기능도 겸비하였다. 카라칼라 욕장(Thermae of Cara alla, 로마, 211~217년), 디오클레티안 욕장(Ther ae of Diocletian, 로마, 302년)의 목욕시설 외에도 도서실, 강의실, 사교실, 휴게실 등을 갖추었다. 특히 카라칼라 욕장은 로마의 욕장 중 최대 규모로 천장은 교차볼트 구조이고 욕장, 휴게실, 도서실, 소극장, 운동장, 점포 등으로 구성되어 있다.

주거건축에는 그리스의 중정형 평면이 지속적으로 사용되었으며 도무스(Domus, 개인주택), 빌라(Villa, 별장 또는 전원주택), 인슐라(Insulla, 평민노예들을 위한 공동집합주택)의 세 가지 유형으로 나눌 수 있다. 개선문과 기념주는 황제나 장군의 승전을 기념하기 위해 건설되었으며 공적이나 승전의 내용을 조각으로 기록하였다. 개선문에는 일문식과 삼문식이 있는데 티투스(Titus)의 개선문, 콘스탄틴(Constine)의 개선문, 트라야누스(Trajan)의 개선문, 세베루스의 개선문 등이 있다.

세베루스의 개선문, AD 203

로마는 발전된 건축기술을 이용하여 극장을 평지에 인공적으로 건설하였다. 영구적 무대배경인 스케네(Skene)가 2, 3층으로 대규모화되고 화려하게 장식되었다. 마르켈루스 극장(로마, BC 23~13년)과 오란쥬 극장(프랑스 오란쥬, 50년)이 있다.

건축이론가인 비트루비우스(Vitruvius)는 그리스 건축을 비롯한 고전(Classicism)건축을 연구·분석하여 건축이론서인 『건축십서(The Books on Architecture, De Architecture)』를 저술하였으며, 이 책은 후에 르네상스시대의 건축가 알베르티(L.B. Alberti)가 다시 분석 정리하여 『건축론(Ten Books on Architecture, De Re Aedificatioria)』으로 발간하였다.

2-2 중세건축

1) 비잔틴 건축(Byzantine Architecture)

비잔틴 건축은 로마의 콘스탄티누스 황제가 기독교 공인 후 수도를 콘스탄티노플로 천도하고 로마가 동로마와 서로마제국으로 나뉘어 콘스탄틴 황제가 동로마제국을 건국한 330년 이후에 발생한 양식이다. 이후에 오스만투르크의 침입으로 콘스탄티노플이 함락된 1453년까지 로마건축에 동양적인 건축요소가 혼합된 건축형태를 유지하였다. 동서 교류가 활발했던 비잔틴문화를 배경으로 동양의 사라센 건축양식의 영향을 받았고 서양의 열주식 구조에 동양적인 돔 구조를 혼용한 양식이다.

건축재료는 벽돌과 콘크리트를 주재료로, 석재를 부재료로 사용하였다. 벽, 아치, 볼트, 돔 등은 벽돌과 모르타르를 기둥처럼 하중을 많이 받는 곳에는 석재를 사용하였다. 또한 실내는 얇은 대리석판, 색유리 등을 이용한 화려한 모자이크 장식으로 구성되었다.

교회건물은 집중형 평면을 사용하였다. 집중형 평면은 그리스 십자형(Greek Cross) 평면, 유심형 평면이라고도 한다. 중앙에 대형 돔을 설치하고 하부공간을 측랑으로 이용하는 점이 특징이다. 대표적인 건축물로 성 소피아(St. Sophia) 성당(콘스탄티노플, 532~537년)이 있는데, 비잔틴 양식의 대표적 건축물이자 최대 규모의 성당으로 의미가 깊다. 벽과 기둥은 대리석으로 돔과 볼트, 바닥은 모자이크로 치장되어 내부공간이 매우 화려하게 장식되어 있다.

성 소피아성당(Hagia Sophia) 537, 터키, 이스탄불

이탈리아의 베네치아에 있는 성 마르코 성당(St. Mark, 1042~1085)은 대표적 건축물이다.

성 소피아 성당의 조감모습

2) 이슬람 건축(Isram Architecture)

아라비아 유목민족의 사라센족에 의해 정복된 서아시아, 북아프리카, 스페인 등을 포함한 이슬람교를 배경으로 전개된 건축양식이다. 소성벽돌, 석재, 콘크리트 등이 구조체이며 마감재료로는 유약타일, 석재패널, 금속패널, 테라코타 등이 모자이크(Mosaic) 기법으로 사용되었다. 또한 정복 지방의 건축양식과 함께 지리적으로 비잔틴, 페르시아의 건축양식의 영향을 많이 받았다. 우상숭배를 금지하는 이슬람교의 교리에 의해 인간, 동물 등의 구상적인 주제에 의한 장식은 엄금된 반면에 식물문양, 문자문양, 기하학적 문양 등의 추상적인 주제에 의한 아라베스크(Arabesque) 문양은 특징적인 요소이다.

이라크 사마라의 대모스크, 이라크, 848, 칼리프 알 무타와킬이 세운 최고의 모스크

대표적인 것이 모스크(Mosque)인데 사원을 지칭하며, 아랍어로는 마스지드(Masjid)라고 하며 대형 홀, 중정, 분수 등으로 계획되어 있다. 대형 홀은 연석 아케이드에 의한 다주실 형식으로 모스크의 주 공간으로서 신도들의 예배공간이며, 중정은 대형 홀 전면에 열주랑으로 에워싸며 구성되었다. 중정의 중앙에는 예배 전 몸을 청결케 하는 분수가 있다. 모스크의 3대 요소라 일컫는 키브라, 미하랍, 미나레트 중에서 키브라(Kibrah)는 모스크의 주축을 기도방향인 메카로 향하도록 하는 방향축이며, 미하랍(Miharab)은 내부의 벽에 메카를 향해 설치된 벽감으로 신도들이 이곳을 향해 기도하는 곳이다. 그리고 미나레트(Minaret)는 기독교교회의 종탑에 해당하며, 일명 광탑 또는 첨탑으로서 모스크의 상징탑의 기능을 지니고 있는 요소이다.

바위의 돔 모스크, 688~692, 예루살렘 최초의 이슬람 기념물

이슬람 최고의 건축물로서 비잔틴 양식의 집중형 평면을 이용한 바위 위의 돔 모스크(예루살렘, 688~692년)와 이슬람 모스크 중 최대 규모로서 북측의 나선형 광탑이 특징인 사마라의 대 모스크(이라크 사마라, 848~852년) 등은 압바스시대의 걸작품들이다.

압바스시대는 수도를 이라크의 바그다드로 정함에 따라 페르시아의 건축양식을 수용하고 사라센 건축의 절정기를 맞이하게 된 시대이다.

스페인이 이슬람제국의 우마야드 왕조 시대인 711년에 정복됨으로써 스페인에도 이슬람 문화권이 형성된 이래 13C에 그라나다가 함락되기까지 약 800년간 이슬람 문화가 형성되었다. 알람브라 궁전(그라나다, 1338~1390년)은 후기 이슬람 양식의 대표작으로 중정형 평면의 궁전, 아케이드, 열주, 돔, 벽 등의 화려한 색채와 정교한 장식으로 매우 화려하게 구성되어 있다. 더불어 연못, 수로, 분수, 수목 등에 의한 조경과 건물의 조화에 의해 우수한 외부공간을 연출하였다.

알함브라궁전, 1338~1390 그라나다, 스페인

인도에서는 12세기경 페르시아로부터 이슬람 건축양식을 도입하였고, 16세기경 무굴제국의 출현으로 절정기를 맞이하였다. 대표적인 것이 타지마할 사원(아그라, 1630~1658년)이다. 이 사원은 원래 분묘로서 페르시아 출신 건축가인 우스타드 이샤에 의해 샤 자한 황제가 왕비인 뭄타즈 마할을 잊지 못해 건립한 건축물이다. 외형은 백색의 대리석으로 마감됨으로써 전면의 연못에 반사되어 우아하고 상승하는 느낌을 주는 건축물이다.

3) 로마네스크 건축(Romanesque Architecture, AD 500경~1200)

서로마제국의 멸망 후에 5세기 말부터 고딕양식이 발생한 13세기 초까지 이탈리아를 중심으로 프랑스, 독일, 영국 등의 유럽에서 교회건축을 중심으로 전개된 건축이다. 교회건축의 초기 양식인 초기 기독교 양식으로부터 완성 양식인 고딕양식에 이르기까지의 과도기적인 양식이다.

초기 기독교시대의 바실리카식 교회의 장축형 평면을 기본형으로 구성하였으며 교회 전면 양측에 고탑을 세웠다. 동시에 종탑을 개발하여 구성한 점이 초기 기독교시대와의 차이점이다.

중심지인 이탈리아의 경우 북부 이탈리아는 롬바르디아 지방을 중심으로 로마네스크 양식이 가장 발달하였다. 대표적인 건축 실례로 이탈리아 로마네스크 건축양식의 대표작품인 피사 대성당(Pisa Cathedral, 두 오모, 1062~1350년)이 해당되는데, 이 건축물은 일명 피사의 사탑이라 불리는 종탑이 유명하다. 그밖에 성 암브로지오 성당(밀라노, 1088~1144년), 성 미니아토 성당(플로렌스, 1060년) 등이 있다.

피사 대성당, 1063~1092, 종탑 1153, 이탈리아 피사

4) 고딕 건축(Gothic Architecture, 1140~1500)

십자군의 영향으로 국제적 통상이 활발해지고 도시의 발전과 더불어 13세기 초부터 르네상스 건축이 발생한 15세기까지 프랑스, 독일, 영국 중북부 유럽에서 전개된 건축양식이다. 특히 과도기인 로마네스크시대에 걸쳐 중세 교회건축을 완성하여 역사상 종교건축의 최절정기를 이룩한 종교건축의 완성기이다.

고딕 건축의 리브와 첨두형 아치가 만나는 모양

첨두형 아치, 리브볼트, 플라잉 버트레스를 완벽하게 상호 결합시켜서 합리적인 구조체계를 완성시켰다. 여기서 첨두형 아치(pointed arch)는 아치의 반지름을 자유로이 가감할 수 있고, 기존의 반원형 아치에 비해 하중 지지능력이 증가되며, 리브볼트구조 기법은 로마네스크 양식의 교차볼트에 첨두형 아치의 리브(Rib)를 덧대어 구조적으로 보강한 것이다. 내부공간은 벽체가 하중으로부터 해방됨으로써 고창(Clearstory)을 넓게 형성하고, 이 고측창을 통한 채광으로 내부공간에서 상승감과 신비감을 느끼도록 하여 내부공간의 종교적 분위기를 고조시키고 있다. 리브 볼트, 첨두형 아치, 플라잉 버트레스, 기둥 등의 구조체를 내·외부 입면에 그대로 노출시킴으로써 하중의 유기적 전달체계를 시각적으로 인지하고 구조미를 표현하였다.

노트르담 성당의 장미창

노트르담 대성당, 1163~1250, 프랑스, 파리

고딕건축의 발생지이자 중심지는 프랑스라 할 수 있으며, 그 발전은 로마네스크 양식에서 고딕양식으로의 과도기인 초기(1150~1200년), 장미창이 건축물을 외관상의 특징으로 표출되는 전성기(1200~1300년), 화염식 스타일의 창이 외관상의 특징적 요소로 등장한 후기(1300~1500년)로 나눌 수 있다. 건축 실례로는 프랑스 최초의 고딕양식 건물인 성 드니수도원 성당(파리 근교, 1140~44년)과 플라잉 버트레스가 사용된 최초의 완벽한 고딕양식 건물로 유명한 파리의 노트르담 대성당(Nortre-Dame Cathedral), 샤르트르 성당(1145~1260년)이 있다. 또한 외관이 프랑스 성당 건축의 여왕이라 불린다. 그리고 아미앵 성당은 프랑스 고딕성당 중 최대 규모이며, 고딕의 파르테논이라 불릴 정도로 고딕 전성기에 최고의 대표적 건축물로 알려져 있다.

영국은 13세기 초 프랑스로부터 도입하여 16세기 중반까지 독창적으로 전개된 부챗살 모양의 선상볼트 고딕양식이 특징이다. 대표적 건축물로는 솔즈베리 성당이 있는데, 이 성당은 영국 초기 고딕건축의 대표작이다. 이외에 링컨 성당(1185~1280년), 웰스 성당(1191년), 요크 성당(1242~70년), 웨스트민스터 사원(런던, 1055~1695년) 등이 있다.

웨스트민스터 사원, 영국, 런던, 1055~1695

독일도 13세기 초 프랑스로부터 전래되었으며, 일반적인 고딕양식의 교회와는 달리 할렌키르헤(Hallenkirche Hall Church, 홀형 교회)라는 독특한 고딕양식의 교회를 건설하였다. 이는 신랑과 측랑의 천장이 동일한 높이로 구성된 교회로서 고측창이 없기 때문에 내부공간의 채광이 충분하지 못한 특징이 있다. 실례로 쾰른 성당이라고 하는 코로뉴 성당(1248~1322년)이 있다. 이 건축물은 독일 최초로 프랑스 고딕양식을 전면적으로 받아들인 성당으로 프랑스의 아미앵 성당을 모방하였다. 이외에 성 엘리자베스 성당(마르부르크, 1235~70년)이 있다.

이탈리아는 초기 기독교 양식의 전통이 강하고 로마네스크 양식이 발전한 관계로 고딕양식이 완벽하게 전개되지 못하였다. 대표적인 건축물로 밀라노 성당(1386~1577년)이 있는데, 이 성당은 르네상스 시대에 완성되었지만 후기 고딕양식의 건축물이라 할 수 있으며, 이탈리아 중세시대의 최대 규모(평면 87m×147m, 천장높이 45m)의 성당으로 유명하다. 이외에 시에나 성당(1226~1380년)이 있다.

2-3 근세건축

1) 르네상스 건축(Renaissance Architecture, 1420~1650)

15~16세기에 걸쳐 이탈리아의 플로렌스를 중심으로 인본주의의 근본인 그리스와 로마의 정신을 부흥하고자 하는 고전주의적 경향의 건축양식이다. 이에 따라 인간을 주제로 하였으며, 건축도 교회가 아닌 공공건물, 궁전, 주택 등 다양한 분야에 걸쳐 이루어졌다. 형태적으로는 고전건축의 질서와 형태미를 건축의 기본적 요소로서, 수학적 관계에 바탕을 둔 조화와 질서, 균형과 통일에 의한 형태미를 추구하였다.

이탈리아는 15세기 초 르네상스 문화의 발상지로서 16세기 말까지 초기, 전성기, 후기의 과정을 거쳐 유럽에서 가장 융성하게 발전하였다.

초기 르네상스(1420~1500년)의 전개는 당시 이탈리아 제일의 상공업도시인 피렌체를 중심으로 브루넬레스키(Filippo Brunelleschi, 1377~1446년), 미켈로초(B.Michelozzo, 1396~1472년) 등의 건축가가 주도하였다.

전성기 르네상스(1500~1540년)는 로마를 중심으로 전개되어 성숙기에 도달한 시기이다. 알베르티와 브라만테(Bramante), 상갈로(Sangallo) 등이 선구자적인 건축가이며, 미켈란젤로는 독창적인 작품 활동을 하였다.

후기 르네상스(1540~1580년)는 전성기에 활동한 미켈란젤로의 건축에서 유래된 과거 양식의 규범을 모방하였지만, 다양한 조작을 통하여 개성적이고 독창적인 건축을 추구하는 매너리즘적 경향이 주류를 이룬 시기라 할 수 있다.

피렌체 두오모의 돔

피렌체 성당(1420~1434년)의 돔이 대표적인 건축물이며, 이것은 르네상스 건축의 상징적 출발점으로서 직경 42m, 높이 120m의 대규모 돔을 리브를 이용한 이중 표피구조로 이루어진 점이 특징이다.

피렌체 두 오모, 이탈리아, 피렌체

브루넬레스키의 제자인 미켈로초가 설계한 메디치 궁(플로렌스, 1444~1460년)은 중정형식의 3층 대저택으로 리카르디 궁이라고 불리며, 입면이 미묘하고 훌륭하여 이후 궁전(Pallazo) 건축의 규범이 되는 유명한 건축물이다.

알베르티(Leon Battista Alberti, 1404~1472년)는 전성기의 건축가로 고전건축에 관한 고고학적 연구를 통해 건축의 법칙을 추구한 동시에 건축의 본질은 질서와 비례의 법칙에 의한 것이라고 하였다. 대표작인 루첼라이 궁은 각층의 필라스터 기둥이 1층은 도리아식, 2층은 이오니아식, 3층은 코린트식 주범으로 혼합된 것이 특징이다.

브라만테(Donato Bramante)는 브루넬레스키, 알베르티, 레오나르도 다빈치의 영향을 받아 집중식 평면을 탐구한 건축가이자 화가로서, 그의 작품 중에는 집중식 평면이념을 잘 표현한 성 베드로 교회의 최초 계획안, 성 베드로의 순교지에 건립된 기념예배당인 템피에토(로마, 1502~13년) 등이 있는데, 그리스 신전과 로마의 판테온의 건축요소를 혼합한 건축물로 의미가 깊은 것들이다.

화가, 조각가를 거쳐 건축가로 활동한 미켈란젤로(Michelangelo Bounaroti, 1475~1564년)는 르네상스 양식에서 벗어나 건축을 시각적 · 조소적 예술로 간주하여 개성적이고 독창적인 작품 활동을 하였다. 특히 르네상스 후기의 매너리즘 경향을 로마의 캄피돌리오(Campidoglio) 광장과 성 베드로 성당의 일부에 표현하였다. 캄피돌리오 광장(로마, 1539~1547년)은 로마의 원로원 건물을 중심으로 양측에 사다리꼴 형태의 마르쿠스 아우렐리우스의 기마상을 중심으로 한 광장으로 유명하다.

성 베드로 성당(1506~1626년)은 브라만테가 돔에 의한 집중형 평면으로 최초 계획하였으며, 후에 미켈란젤로가 브라만테의 집중형 평면계획에 전면열주와 현관을 부가하고 돔을 설계 건설하였다. 후에 마데르나가 신랑을 확장하였으며 베르니니가 전면광장과 광장의 타원형 열주랑을 완성한 건축물이다.

안드레아 팔라디오(Andrea Palladio, 1518~1580년)는 르네상스 후기 고전주의 건축가로서 알베르티의 건축이론을 추종하여 수학적 비례를 기본적 구성원리로 하는 건축을 추구하였다. 대표적 건축물인 카프라 별장(비첸차, 1549년)은 일명 로툰다 별장이라고도 하며, 돔을 중심으로 한 중앙집중형의 대칭형 평면으로 구성되어 있다.

성 베드로 성당, 로마, 바티칸

안드레아 팔라디오의 빌라 로툰다는 대칭형으로 기하학적 평면을 가지고 있다.

프랑스는 1495년 이탈리아 침입 당시 르네상스 문화를 접한 후 르네상스 건축양식을 도입하였는데, 종교건축보다는 궁성, 성관 등의 귀족건축이 성행하였다. 예로 블로아성(블로아, 1515~1525년)과 샴보르성(블로아, 1519~1550년)을 들 수 있다.

영국은 16세기 후반경에 도입되어 17세기에 절정기를 맞이하였으며, 목재가 외부로 노출되어 보이는 장식수법인 하프팀버 기법을 즐겨 사용한 것이 특징이다. 대표적인 건축가로 이니고 존스(Inigo Jones, 1573~1632년)는 영국의 르네상스 건축을 완성하였으며, 화이트 홀(영국, 1619~1622년)의 연회장 건물, 그리니치의 여왕저택 등을 건설하였다.

2) 바로크 건축(Baroque Architecture, 1540~1750)

17~18세기에 걸쳐 로마를 중심으로 이탈리아, 프랑스, 독일, 영국 등의 유럽국가에서 전개된 건축양식으로 감각적 · 역동적 · 장식적 건축을 추구하는 경향이 강하였다. 바로크 건축은 르네상스 건축에서 추구되었던 일정한 규칙과 형식에 의해 구성되는 고전주의 양식의 대칭, 비례, 질서, 조화 등의 정적이고 2차원적인 건축구성 원리를 탈피하려 한데서 비롯되었다. 르네상스가 이지적이고 대상의 법칙을 구하는 반면에 바로크는 열정적이고 대상을 관찰하는 사람의 주관을 추구하였다. 따라서 르네상스에 비해 양식의 스케일이 크며 전체와 부분의 취급이 양감적이며 감각적이라 할 수 있다. 동시에 광선과 음영의 강한 대조, 큰 것과 작은 것, 복잡한 것과 단순한 것의 대조, 궁극적인 클라이맥스의 제시 등으로 동적인 감각과 극적 감정변화를 추구한 것이 특징이다. 비대칭, 대비, 과장 등의 3차원적인 건축기법으로 형태나 공간의 극적인 효과를 창출하고자 하였으며, 이를 위해서 음영의 대비, 투시화법, 척도의 변조, 화려한 장식 등의 수법을 이용하였다. 더불어 회화, 조각, 공예 등을 장식적 수단으로 건축에 적용하여 일련의 곡선과 곡면에 의한 장식을 통해 주범의 변형, 곡선

형 코니스, 파동벽면 등을 이용하여 화려하게 장식하였다.

이탈리아의 경우는 16세기 말 로마를 중심으로 바로크 건축이 전개되었으며, 르네상스건축의 미켈란젤로의 개성적인 건축물들에서 이미 바로크적 경향이 존재하였다고 볼 수 있다. 베르니니, 보로미니, 구아리니 등이 대표적인 건축가로서 바로크 양식을 선도하였다. 이 중에서 베르니니(Giovanni Lorenzo Bernini, 1598~1680년)는 화가, 조각가, 건축가로서 주로 교황과 귀족들을 위한 건축가로 활동하였다. 대표적인 건축물로 터스칸식 주범의 열주로 둘러싸인 타원형 광장으로 유명한 성 베드로 성당(로마, 1598~1680년)이 있으며, 역동적 창출의 대명사로 일컫는 스칼라 레지아(Scala Regia, 로마, 1663~1670년)가 있다. 이 건축물은 성 베드로 성당과 바티칸궁을 연결하는 터널형식의 대계단으로써 올라갈수록 좁아지는 투시화법적인 착시효과와 빛과 장식의 효과로 극적인 느낌을 주고 있다. 반면에 보로미니(Francesco Borromini, 1599~1667년)는 베르니니와는 대조적으로 풍부한 상상력과 독창성을 바탕으로 한 바로크 건축을 추구한 건축가이다. 즉, 바로크 양식의 독특한 건축수법인 파동벽면, 와형장식, 곡선형 코니스 등을 완벽하게 구사한 최초의 건축가라 할 수 있다. 이러한 수법을 잘 나타낸 건축물로는 성 카를로 성당(로마, 1638~1640년)이 있다. 이 성당은 타원형의 돔을 중앙에 설치하였으며, 정면은 요철의 벽면이 상호 교차하는 파동벽의 역동적이고 감각적 형태로 마감하였다.

성 카를로 성당의 일부 바로크의 화려한 모습을 볼 수 있다.

프랑스의 바로크 건축은 17, 18세기에 유럽의 최강국으로서 문화적 중심지 역할을 하며 절대왕정의 후원 아래 1643~1715년 사이에 절정기를 맞이하게 되었다. 이러한 바로크 양식은 후에 로코코 양식을 유발시키는 데 큰 계기를 마련하였으며 베르사유 궁전(Palias de Versailles, 1661~1668년)이 대표적 건축물이다.

베르사유 궁전과 정원은 루이 14세 당시의 프랑스 바로크의 진수라 할 수 있다.

영국의 바로크 건축은 17세기 후반에 프랑스로부터 유입되어 18세기 초까지 전개된 건축양식으로 프랑스의 절대왕정이나 로마의 교황청 같은 강력한 후원자가 없는 관계로 그 세력이 극히 미약하였다. 대표적인 건축가로는 수학자, 천문학자, 해부학자로 활동하다가 후에 건축가로 변신하여 17세기 영국 건축계를 주도한 크리스토퍼 렌(Christopher Wren, 1632~1723년), 제임스 깁스(James Gibbs, 1674~26년) 등이 있다.

3) 로코코 건축(Rococo Architecture)

루이 14세의 죽음으로 바로크 양식이 소멸되고 루이 15세의 등장으로 로코코 양식이 파리에서 발생하였다. 로코코 양식은 개인의 사생활 위주로 전개된 양식이다. 따라서 섬세하고 우아하며 개인생활에 쾌락을 주는 개인 위주의 소규모 공간과 곡선, 곡면을 이용한 우아하고 화려한 실내장식을 추구한 점이 특징이다. 내부공간을 실질적이고 아름답게 장식하고자 특수한 실내장식(로코코장식 : 로카이유를 이용한 조각장식)을 발전시켰으며, 단순한 외부와는 대조적인 느낌을 주었다. 또한 바로크와 달리 경제적이고 아담하며 기능적인 공간계획을 하였으며 동서교역의 확대로 진귀한 외국 자원, 특히 중국의 풍물을 장식으로 많이 사용하였다. 벽면은 회화로 장식하며, 기하학적 형태에 의하지 않고 일련의 가는 선으로 연결하여 공간을 역동적으로 만들어서 주거건축의 발전에 많은 공헌을 한 건축양식이다.

4) 근세 과도기 건축

18세기 중엽에 이르러 바로크, 로코코 건축양식의 사치화에 대한 반감으로 고전주의 부흥이 다시 싹트기 시작하였다. 이로부터 현대건축이 발생한 19세기 말 이전까지의 과도기적인 건축양식으로, 신고전주의, 낭만주의, 절충주의 건축의 세 가지 경향으로 전개되었다.

① 신고전주의 건축 또는 복고주의(Neo-Classic Architecture)

18세기 초에 고대유적에 대한 발굴과 고고학적 연구가 활발해지면서 고전건축에 대한 이해와 관심이 높았다. 특히 독일의 요한 빙켈만(Johann Winckelman 1717~68년)은 1764년 고대예술을 객관적으로 연구한 『고대예술사』를 저술함으로써 고전부흥운동의 촉진제를 제공하였다. 빙켈만은 시대를 초월하는 절대적 미는 그리스와 로마의 건축이라는 인식을 주었으며, 그리스와 로마건축 주범양식(Order)의 정확한 복원과 모방에 열중하였다.

영국은 산업혁명의 발달로 유럽대륙보다 높은 문화와 번영을 누림으로써 신고전주의의 중심지 역할을 하게 되었다. 그리스 양식과 로마양식으로 대별되며, 주로 주범, 열주랑, 박공(Pediment), 엔타블러처

(Entablature) 등을 이용한 그리스 복고양식이 성행하였다. 이외에 해밀턴의 에든버러 중학교, 스머크의 그리스 양식을 재현한 대표작 대영박물관(런던, 1823~47년)이 있으며, 로마 양식으로는 손의 잉글랜드 은행 등이 있다. 대표적인 건축가는 존 소안 경(Sir John Soane)과 스머크(Sir Robert Smirke, 1780~1867년)라 할 수 있다.

독일의 신고전주의는 베를린의 쉉켈과 뮌헨의 클렌제가 주도하였다. 특히 쉉켈(Karl Friedrich Schinkel, 1741~1841년)은 우아한 비례의 미와 간결한 벽면 처리에 의해 그리스 건축의 미를 재현하였으며, 유럽의 신고전주의 건축을 선도하며 현대건축에 지대한 영향을 끼쳤다. 대표적 건축물로 베를린 고대미술관(베를린, 1822~1830년), 베를린 왕립극장(베를린, 1818~1821년), 니콜라이교(포츠담, 1830~1837년)가 있다. 이외에 클렌제(Leon von Klenze, 1784~1864년)의 발할라 궁전(레겐스부르크, 1830~42년)과 랑간스(Karl Gotthard Langhans, 1732~1808년)의 브란덴부르크문(베를린, 1788~1791년)이 유명하다.

제정 러시아, 상트 페테르부르크, 신해군본부, 1806~23, 고전주의

베를린의 브란덴부르크문은 도리아 양식의 그리스 복고주의의 예다.

칼 쉬켈이 설계한 포츠담 카를로텐호프 궁전 정원사의 집은 고전미를 재현하였다.

프랑스의 신고전주의 건축의 대표적 양식으로 앙피르 양식(Empire Style)이 있다. 이는 프랑스 대혁명 발발 후 즉위한 나폴레옹 1세 때, 로마 양식을 모방한 신고전주의 건축양식이다. 즉 로마 문화를 동경하고 숭배한 나폴레옹 1세가 웅장한 대규모 건축물을 건설하여 정치적, 군사적 강대함을 과시하였는데, 주로 로마의 신전과 개선문을 모방한 기념건축물을 건립한 것을 말한다. 샤그랑(Jean Francois Chargrin, 1739~1811년)의 파리 에뜨왈 개선문과 비뇽(Pierre Alexandre Vignon, 1763~1828년)의 파리 마드레느 교회당을 들 수 있다.

파리 개선문(1808년)은 로마의 고전을 모방한 것이라고 하겠다.

건축가 수플로(Jacques Germain Soufflot, 1713~80년)는 이탈리아에 직접 가서 고대건축을 연구한 후 프랑스로 귀국해 고전주의 건축을 추구하였다. 대표작으로 성 쥬느비에 교회(파리, 1758~89년)가 있는데, 이 교회는 일명 파리 판테온이라고도 할 정도로 로마의 판테온을 모방하였다.

② 낭만주의 건축(Romanticism Architecture)

고대보다는 중세 고딕양식의 정신을 이상으로 하여 그리스나 로마 건축의 재현보다는 당시의 자기 민족, 신화, 사화, 전설 등에 중점을 둔 건축이다. 국가와 민족의 기원을 중세로 간주하고 산업사회의 비인간적인 경향을 고딕의 도덕성으로 회복하고자 노력하였으며, 영국을 중심으로 전개되어 독일, 프랑스 등 유럽 각국으로 전파되었다. 특히 오거스터스 퓨진은 고딕건축 사례집을 출판하여 고딕건축을 전파하는 데 기여하였다.

영국은 낭만주의 건축의 발상지로서 후에 19세기 말의 현대건축 운동인 미술공예운동을 유발시켰다. 선구적인 건축가 찰스 베리의 대표작으로 고딕양식을 재현한 영국 국회의사당(런던, 1835~1860년)이 있다.

독일은 고딕양식이야말로 진정한 게르만적 양식이라고 인식하여 쾰른 성당, 울름 성당 등 중세 성당들을 중수하였음을 볼 수 있다.

고딕양식을 재현한 런던의 국회의사당

③ 절충주의 건축(Eclecticism Architecture)

자유주의적 정치사상의 발전으로 보다 현실적인 면을 추구하고 새로운 산업사회의 도래로 한정된 과거 양식의 재현에서 벗어나 과거의 양식 전체를 돌아보고 절충함으로써 새로운 형태를 창출하고자 하였다. 이슬람, 비잔틴, 바로크 등 건축양식의 선택 범위가 확대되었는데, 이것은 자연과학의 발달로 기계에 의한 대량생산방식이 등장하여 일정한 기준보다는 예술가 각자의 주관에 의해 자유롭게 과거 양식의 선택이 가능했기 때문이다.

프랑스는 신고전주의 건축의 발달로 인해 그리스, 로마 양식을 기본으로 한 절충주의 건축이 성행하였다. 대표작으로는 선구적인 건축가 샤를르 가르니에(Charles Garnier, 1825~1898년)의 파리 오페라하우스(1861~98년)가 있다. 이 건축물은 바로크 양식에 르네상스 양식을 혼합한 신바로크 양식의 건물이라는 점이 특이하다. 그밖에 앙리 라브루스테(Henri Labrouste, 1701~1775년)의 파리의 국립도서관(1843~55년)과 성 쥬느비에 도서관(1858~1868년) 건축물이 있는데, 새로운 재료인 철을 구조체로 사용하여 과거 양식을 재현한 건물이라는 점에서 의미가 깊다.

파리 루브르 궁전 동익랑(1670)은 고전주의 양식을 기본으로 여러 가지의 양식을 첨가하여 절충하였다.

영국의 대표작으로는 선구적인 건축가로 찰스 베리 경의 여행자클럽(런던, 1829년), 존 나쉬(John Nash, 1752~1835년)의 로열 파빌리온(브라이튼, 1818~1821년)이 있다. 로열 파빌리온은 브라이톤궁이라고도 하며 동양의 이슬람 양식과 고딕 양식의 혼합양식으로 유명하다. 존 프란시스 벤트리(John Francis Bently, 1839~1902년)의 웨스트민스터 사원(런던, 1895~1903년)은 비잔틴 양식을 기본으로 하여 여러 양식을 절충한 건축물이다.

독일의 절충주의 건축은 이탈리아 르네상스 양식을 기본으로 한

신르네상스 양식이 성행하였으며, 대표적 건축가로 고트프리 젬퍼(Gottfried Semper, 1803~1879년)가 있다. 이 건축가는 독일 절충주의 건축의 거장으로서 국립 가극장(드레스덴, 1837~1841년)과 부르크 극장(빈, 1873~1888년)을 건립하였다.

파리 육군사관학교, 1768

2-4 근대건축(Mordernism)

1) 산업혁명과 근대건축의 시작

19세기 중엽에 들어 영국에서 산업혁명이 진행되면서 건축에 급격한 변화가 일어났다. 1851년의 런던 만국박람회에서 팩스턴이 설계한 크리스털 팰리스라는 새로운 개념의 건축물이 완공되자, 철과 유리 콘크리트라는 새로운 재료가 건축에 도입되었고 기계적인 아름다움에 대하여 또한 대량생산되는 제품들에 대한 반성과 찬탄이 섞여서 일어나기도 하였다. 각종 예술과 문화적 운동, 새로운 가치를 정하기 위한 치열한 움직임들이 나타나기 시작한 것이다.

30만 장의 유리로 이루어진 수정궁(Crystal Palace)의 아트리움 부분

① 미술공예운동(Art and Crafts Movement)

산업혁명 이후 19세기 중반에 일용품을 비롯한 응용미술 전반의 질적 향상과 예술성 확보의 필요성이 대두되기 시작하였다. 이에 존 러스킨과 오거스터스 퓨진 등이 예술 창조의 수단으로써 기계를 부정하고 중세의 수공예를 이용하자고 주장하였다. 이에 영향을 받은 모리스는 영국의 예술가들을 자극함으로써 미술공예운동을 유발시켰고, 1888년 미술공예전시협회를 창립함으로써 '미술공예' 라는 명칭이 생겨났다. 『붉은 집』은 필립 웨브가 설계하고 모리스가 실내장식을 한 주택으로서 미술공예운동의 상징적인 출발점이 되는 작품이다.

만국박람회 전시장, 크리스털 팰리스, 1850~1851

② 시카고학파(Chicago School Architecture)

산업혁명 이후 경제활동과 공장, 인구 등이 도시에 집중되면서 도시규모가 팽창되었다. 시카고학파란 1875~1910년 사이 미국 시카고에서 고층 사무소건물에 집중되어 전개되었던 활동을 지칭한다. 불필요한 장식을 배제하고 새로운 시대정신에 따른 예술형태를 추구하였다. 강철구조를 사용하여 구조적 성능을 개선하였고 골조구조를 그대로 외관에 노출하고 넓은 면적의 창을 형성하였다. 현대적인 건축언어를 사용하는데, 이는 실용건축을 일컬으며 전통적인 고전주의와 절충주의 건축을 거부하였다.

윌리엄 바론 제니(William Baron Jenny)는 강철구조를 이용하여 구조적 성능을 개선하고 벽돌과 돌로 피복하였다. 홈 인슈어런스 빌딩, 제1라이터 빌딩, 제2라이터 빌딩을 설계하였으며 시카고파 건축의 창시자라 하겠다.

루이스 설리번(Louis Henry Sullivan)은 시카고파의 대표적 건축가이자 프랭크 로이드 라이트의 스승으로, "형태는 기능을 따른다.(Form Follows Function)"라는 기능주의 이론을 주장하였다. 주요 작품으로는 오디토리엄 빌딩, 웨인 라이트 빌딩, 개런티 빌딩, 카슨 파이리 스코트 빌딩 등이 있다.

③ 아르누보 건축(Art Nouveau Architecture)

19세기 말 벨기에에서 발생하여 전 유럽에 퍼진 낭만주의적 예술 운동이다. 1881년 전위 예술가들이 『근대예술』이라는 잡지를 발간하여 예술의 전통주의와 절충주의를 반박하였다. "예술에는 일정한 형식이 없다"라고 주장하며 예술가의 주관성과 창작력에 의한 새로운 예술양식의 창조를 주장하였다. 브뤼셀을 중심으로 주관적이고 낭만적인 예술사조가 회화, 공예, 건축 분야 등에서 활발히 전개되었다.

타셀 저택, 빅토르 오르타(1892~1893), 브뤼셀, 아르누보

벨기에 건축가인 빅토르 오르타(Victor Horta)는 아르누보 건축의 선구자이다. 노출 철골구조와 철제의 곡선장식, 유리커튼월 등의 건축수법을 주로 사용하였다. 주요작품으로는 타셀 저택, 민중의 집, 솔베이 저택 등이 있다. 이 중 타셀 저택은 최초의 아르누보 건축으로서 철을 구조체로 사용하면서 곡선형으로 디자인하였다.

카사밀라, 안토니오 가우디, 스페인, 바르셀로나

프랑스의 대표적인 아르누보 건축가인 엑토르 기마르(Hector Guimard)의 파리 지하철역사는 철과 유리를 사용한 유기적 곡선의 형태와 풍부한 공간감으로 아르누보 건축을 대표한다. 앙리 반 데 벨데(Henry van de Velde)는 벨기에에서 시작된 아르누보 건축을 유럽 각국에 전파하는 데 공헌하였다. 1907년 독

일공작연맹의 창립 회원으로 주요작품으로는 우클레 소재 자택과 '아르누보' 라는 명칭이 유래된 아르누보 화랑이 있다.

안토니오 가우디(Antonio Gaudi)는 파동의 곡선과 곡면에 의해 역동적인 형태와 공간을 창조함으로써 3차원적인 아르누보 건축을 독자적으로 전개하였다. 주요작품으로 성 가족교회와 카사밀라 공동주택이 있다.

④ 제체시온(Sezession, Wien)/분리파

1899년 오스트리아에서 근대건축의 아버지라고 일컬어지는 오토 바그너가 그의 저서『근대건축』에서, "건축은 인간의 필요를 만족시키고 여기에 활동력을 부여하는 구조물이며, 사회생활의 영구적인 기록이며 또한 인간생활을 바탕으로 한 인지 최고의 표현이다."라고 하였다. 과거 양식을 모방하는 역사주의 양식으로부터의 분리와 해방을 목표로 하여 실용적, 기능적, 합리적 건축을 추구하고자 하였다.

아돌프 로스(Adolf Loos)는 1908년 평론『건축과 죄악』을 발표하여 건축에 있어서 장식은 죄악이라고 규정하였다. 무장식의 단순하고 효율적인 실용적인 건축을 주장하였으며 20세기의 기능주의, 합리주의 위주의 국제양식 건축에 영향을 주었다. 주요작품으로는 스타이너 주택과 루스하우스, 뮬러 주택 등이 있다.

2) 다양한 20세기 초의 건축

① 합리주의 건축(Rationalism)

1907년 독일 제품의 질적 향상을 목적으로 독일 뮌헨에서 독일공작연맹을 창설하였다. 무테지우스가 주도하였고 피터 베렌스, 앙리 반 데 벨데, 요셉 호프만, 요셉 올브리히 등의 건축가들이 창립 회원으로 참여하였다. 규격화와 표준화의 도입으로 대량생산에 의한 제품의 질적 향상과 경제성이 추구되었으며, 기계화와 공업화를 예술의 질적 향상의 수단으로 이용함으로써 근대 디자인의 출발점을 제공하였다. 20세기 초 현대건축의 형성기에 합리주의 건축의 출발점을 제공하였다. 피터 베렌스는 공업화와 기계화라는 시대적 요구를 건축에 수용하여 건축적 형태로 발전시킨 20세기 최초의 현대 건축가이다. 발터 그로피우스와 미스 반 데어 로에, 르 코르뷔지에 등이 그의 사무실에서 근무하면서 예술 창조의 수단으로 공업기술의 수용에 관한 사상을 배웠다. 주요작품으로는 노출 철골구조와 유리 커튼월을 최초로 사용한 A.E.G 터빈공장(베를린, 1908~1909), 발터 그로피우스(Walter Gropius)의 파구스공장(1911), 브르노 타우트(Bruno Taut)의 독일 공작연맹 전시회의 유리전시관이 있다.

AEG터빈공장, 피터 베렌스, 베를린

파구스공장, 그로피우스(1911), 독일 알펠트안 더 라이네

② 미래파 건축(Futurism)

1909년 이탈리아에서 마리네티(시인)와 보치오니(화가 겸 조각가) 등 전위적인 예술가들이 미래파 그룹을 조직하였으며 1914년에 미래파 건축전시회를 개최하였다. 이상향적 건축세계를 추구하였는데, 사선과 타원형을 이용하여 운동감과 속도감을 표현하는 등 기계시대의 이미지를 인지하기 시작한 최초의 시점이기도 하다. 동시대에 발생한 러시아 구성주의의 출발점으로써 작용하였으며 후대에 매혹적인 유토피아의 이미지를 지속적으로 반영하였다. 안토니오 산텔리아는 1914년 미래

파 건축전시회를 통해 미래파의 이념을 건축 분야에 도입하였다. 주요 작품으로는 마천루와 고층아파트, 지하철, 고가도로 등으로 구성된 거대도시 계획안으로서 미래도시를 예시한 신도시계획안(1914)과 지하철역사 및 고층아파트 계획안(1914)이 있다.

③ 구성주의(Constructivism)

1915년 러시아의 화가 말레비치(Kasimir Malevich)가 입체파의 개념을 발전시킨 절대주의 이론(Suprematism)을 발표함으로써 러시아 구성주의 운동의 출발점을 제공하였다. 1917년 타틀린(Valdmir Tatlin)과 로드 첸코를 중심으로 생산주의자 그룹을 조직하여 실용적 효율적 기능적 기술과 대량생산을 예술에 도입할 것을 주장하였다. 또한 가보 형제와 페브스너를 중심으로 조직된 구성주의자 그룹은 철, 유리 등의 신재료를 이용하여 공간 속에서 구성함으로써 공간의 3차원성을 표현하였다.

말레비치는 1915년 절대주의 선언을 발표하였다. 상호 관입하는 단순형태의 볼륨으로 구성된 비대칭의 기하학적 입방체인 아키텍토렌 계획안이 있다.

타틀린의 제 3국제 기념탑, 베스닌 형제(Victor & Leonid Vesnin)의 라우다 사옥 계획안과 모스코바 노동궁 계획안 등이 유명하다.

④ 데 스틸(De Stijl)

1917년 네덜란드에서 반 되스부르크와 몬드리안을 중심으로 건축가, 화가, 조각가, 시인 등의 예술가들이 참여한 가운데 데 스틸 그룹을 결성하였으며, 잡지 『데 스틸지』를 창간하여 그룹의 대변지 역할을 하도록 하였다. 바우하우스, 구성주의와 함께 20세기 기하학적 추상예술의 기반을 형성함으로써 현대건축의 합리주의 건축에 지대한 영향을 끼쳤다.

피에트 몬드리안은 20세기 기하학적 추상회화의 선구자이다. 대상의 단순화, 순수화, 추상화의 입체파 개념을 발전시켜 완성한 몬드리안의 기하학적 추상이론을 정립하였다. 수직·수평의 기하학적 구성에 의한 비대칭적 균형과 조화를 추구하고자 조형수단을 赤, 靑, 黃의 삼원색과 黑, 白, 灰의 무채색 등 여섯 가지 기본색을 한정하였다.

⑤ 표현주의 건축

개인의 주관적·감성적 내부감정을 건축에 표현하였고 건축을 통해 환상적이고 이상향적인 세계의 건설을 시도하였다.

브루노 타우트의 작품, 독일공작연맹전시회의 유리전시관, 막스 베르크의 센테니얼 홀, 에릭 멘델존이 설계한 곡선과 곡면의 강조에 의해 철과 콘크리트구조의 탄성적 성질을 표현한 대표적 작품인 아인스타인 타워와 쇼켄의 백화점이 있다. 한스 펠치히의 베를린 대극장, 미스가 설계한 베를린 프리드리히가 고층사무소 계획안과 유리 마천루 계획안이 있다.

3) 바우하우스(Bauhaus)

1919년 유능한 디자이너를 육성하려는 목적으로 발터 그로피우스가 독일 바이마르 시에 기존의 수공예학교와 예술학교를 통합한 응용미술교육기관인 바이마르 국립 바우하우스를 설립하였다. 개교 초기에는 표현주의적 경향을 지녔으나 1921년 데 스틸과 구성주의의 영향으로 초기의 표현주의적 경향을 벗어나 합리주의적 교육이념을 확립하였다. 1925년 데사우로 학교를 이전하여 1928년 하네스 마이어가 2대 교장으로 취임하고 도시계획가인 힐버자이머를 초빙하여 건축학부를 개설하였다. 1930년 미스 반 데어 로에가 3대 교장에 취임하였으나 1933년 독일 나치정권에 의해 폐교되었다. 폐교 이후 바우하우스의 교수진은 각국에서 활동하며 바우하우스의 교육이념을 세계 각국에 널리 전파함으로써 현대건축의 국제양식, 합리주의, 기능주의 건축에 영향을 미쳤다.

초대 교장인 발터 그로피우스는 중심적 역할을 하였고 예술과 공업의 통합이라는 바우하우스의 교육이념을 확립하였다. 1926년 데사우에 디자인 학부동, 공작실동, 기숙사동 등 3개 동의 바우하우스 교사를 완성하였다. 유리커튼월과 무장식의 평탄한 벽면, 개방적 볼륨에 의한 형태구성, 비대칭적 평면구성 등의 건축수법을 이용하여 국제양식 건축의 수법을 선구적으로 예시하였다. 그는 1937년 미국으로 이주하여 1938~1952년 하버드대학 건축학부장에 재직하여 바우하우스의 교육이념을 미국에 널리 전파하였다.

미스 반 데어 로에(Mies van der Rohe)는 바우하우스의 3대 교장으로 재직하였으며, 1937년 미국으로 이주 후 일리노이 공과대학 I.I.T대학 건축학부장으로 재직하면서 자신의 건축이념과 바우하우스 교육이념을 미국에 전파하였다.

마르셀 브로이어(Marcel Breuer), 루드비히 힐버자이머(L. Hilberseimer), 하네스 마이어(Hannes Meyer), 칸딘스키(W. Kandincky), 폴 클레(Paul Klee), 모홀리 나기(Moholy Nagy)와 요하네스 이텐(Johannes Itten) 등이 그 학교에서 강의하였다.

바우하우스 교사, 그로피우스 설계(1925~1926), 독일 데사우

4) 국제주의 건축과 거장의 시대(Internationalism, Age of Masters)

일반적으로 1920년대 후반 이후 1956년 C.I.A.M(Congres International Architecture Modern) 붕괴 전까지의 건축을 일컬으며 기능주의 또는 합리주의 건축이라고 한다. 각 민족, 국가, 지역 상호간의 문화적 교류가 활발해짐에 따라 국가나 민족 고유의 문화가 붕괴되어 전 인류에 공통적인 세계문화를 형성하게 되었다. 1차대전 이후 국제연맹의 설립과 함께 인류공존 사상과 공동체 의식을 형성하게 되었고, 산업혁명으로 기계화, 공업화를 적극적으로 생활에 수용하는 기능주의적 · 합리주의적 생활관이 형성되었다. 또한 철, 유리, 콘크리트 등 공통적 재료의 사용과 공법으로 인해 상호 유사한 건축으로 발전하였다.

1925년 발터 그로피우스는 저서 『국제건축』에서 재료, 구조, 기술, 기능의 조건이 공통적인 근대사회의 건축은 필연적으로 국제적인 공통성을 지닌 양식이 될 것이라고 주장하였다. 1927년 르 코르뷔지에와 발터 그로피우스, 미스 반 데어 로에, 힐버자이머, 오우드 등을 비롯한 유럽의 선구적 건축가 16명이 참가한 독일공작연맹 공동주택 전시회가 열렸는데, 이 전시회를 계기로 국제양식 건축이 실질적으로 가시화되었고 철근콘크리트구조와 철골구조 등 신재료, 신공법에 의한 대중공동주택의 건설과 공업화를 전제로 한 규격화, 표준화의 공장 생산과 현장조립방식이 도입되었다.

1932년 건축양식에 관한 최초의 전시회로서 『현대건축 : 국제전시회』가 히치코크와 필립 존슨의 주관하에 뉴욕 현대미술관에서 개최되었다. 더불어 공동저서 『국제양식 : 1922년 이후의 건축』을 발표하기도 하였는데, 이로써 국제양식 건축이 세계적으로 널리 알려지고 인정받기도 하였다. 그들은 볼륨으로서의 건축과 배제된 장식, 규칙성을 국제양식 건축의 특성이라고 정의하였다.

1928년 르 코르뷔지에와 발터 그로피우스 등이 주도한 세계 각국의 현대 건축가들의 공동체조직인 현대건축국제회의(C.I.A.M)가 조직되어

1956년 제10차 회의까지 지속되었고 활발한 교류를 통해 국제양식 건축을 세계 각국에 널리 전파하였다.

국제주의 건축의 특징 중 하나는 합리주의적 사고라고 할 것이다. 기계와 공업을 건축에 수용하고 규격화와 표준화, 대량생산을 적극적으로 이용하였고 불필요한 장식은 배제하였다. 육중하고 폐쇄 적인 매스 위주의 건축은 탈피하고 유리커튼월, 칸막이벽 등에 의해 동적이고 유기적인 개방된 공간을 형성하여 공간적 연속성과 투명성을 보이고 있으며 기하학적 추상성으로 기계미의 순수형태로 표현하였다.

현대건축국제회의는 각국의 대표적인 근대 건축가들이 참가하는 현대건축의 핵심적인 추진 단체로 현대건축과 도시이론을 세계 각국에 전파하였다.

20세기 초에서 20세기 중반에 이르는 시대에는 두 번의 세계전쟁을 거치고 변화와 문명의 발달이 가속되었던 시대라고 하겠다. 다양한 사상과 문화의 콘텐츠가 사람들의 삶을 윤택하게 해 주었으나 자본주의와 공산주의의 냉전과 많은 신생국들의 독립으로 인해 제국주의가 붕괴하기도 하였다. 또한 이제까지 유럽 중심이던 건축도 점차 미국을 중심으로 변화해 갔으며, 세계적인 획일적 개념의 건축보다는 여러 가지 다양화되는 경향도 나타나게 되었다. 이 시대는 근대건축의 거장들이 각자의 지역에서 독자적인 영향을 가진 건축작품들을 설계하는 소위 "거장의 시대"라고도 할 수 있다.

르 코르뷔지에는 건축의 다섯 가지 원칙으로 필로티, 자유로운 평면, 가로로 긴 창, 자유로운 정면과 옥상정원 등을 천명하여 자신의 설계에 적용하였고, 롱샹 교회, 신도시 찬디가르계획, 라 투레트 수도원, 일본 도쿄의 서양미술관 등을 설계하였고 라 모듈러를 발표하였다.

이 시대에는 또한 프랭크 로이드 라이트, 알바 알토, 오스카 니마이어, 그로피우스, 미스 반 데어 로에, 필립 존슨, 에로 사리넨, 미노루 야마사키, 아이엠 페이 등이 활약하였고, 이들은 근대건축에서 그 영향력이 대단한 사람들이었다. 특히 라이트는 미국 태생의 국제적인 건축가로서, 그가 설계한 작품들은 자연과의 조화를 중요시하여 여타의 근대 건축가와는 달리 유기적 건축이라고 구분되어 말하기도 한다.

빌라 사보아, 르 코르뷔지에

낙수장, 프랭크 로이드 라이트, 펜실베이니아, 베어런(1936~1939)

엠파이어스테이트 빌딩(1929~1931)과 같은 고층건물은 국제 건축양식의 전형적인 예

2-5 근대 이후 건축(Post Mordernism)

1) 포스트모더니즘(Post Mordernism)

1960년대 중반인 1996년에 로버트 벤투리(Robert Ventury)는 『건축의 복합성과 대립성(Complexity and Contradiction in Architecture)』이라는 책에서 미스 반 데어 로에의 유명한 "적을수록 좋다"라는 말을

"적을수록 지루하다"라고 바꿔 놓았다. 그는 건축에서는 생동감이 필요하며 근대주의 건축의 미학적 합리성보다는 모호성을 제시하였으며, 근대건축의 단조로움에서 건축의 다양함을 제창하였다. 이러한 작품들이 포스트모더니즘이라는 용어로 표현되기 시작하였다.

처음에는 미국의 건축가들인 찰스 무어, 마이클 그레이브스, 로버트 스턴, 필립 존슨 등에 의해 시작되었고 다른 건축가들도 이를 모방하였다. 벤투리는 1962년 필라델피아에 어머니를 위한 집을 설계하였는데 미국 주택의 전형적인 특징을 살려서 설계하였다. 이것이 바나 벤투리하우스이다.

오리건의 포틀랜드, 퍼블릭 서비스빌딩, 마이클 그레이브스, 포스트모더니즘의 대표적 작품

마이클 그레이브스가 설계한 오리건의 포틀랜드 퍼블릭 서비스 빌딩(Public Service Building, Portland Oregon, 1980~1882)은 포스트모더니즘의 대표적인 건축이다. 유럽에서도 리버풀대학에서 건

축을 공부한 제임스 스털링이 슈투트가르트에 신시립미술관을 설계하여 개성을 잃어가는 모더니즘을 포기하고 모더니즘을 참신한 방법으로 새롭게 의미를 찾게 하였다.

2) 하이테크 건축

노먼 포스터, 리처드 로저스, 렌조 피아노 등이 주도한 건축조류라고 하겠다. 특히 파리 퐁피두센터는 계단과 승강기, 에스컬레이터, 지지구조물과 난방, 통풍, 배관 등 모든 설비를 건축물의 외벽 밖으로 내어 공간을 최대한 가변성 있게 설계한 것이다. 현대적인 기술과 설비에 대한 획기적인 변화와 기계적 또는 구조미를 최대한 중요하게 생각하였다.

퐁피두센터는 리처드 로저스와 렌조 피아노가 설계한 하이테크 건축의 대표적인 건물이다.

3) 해체주의 건축

1980년대를 지나자 20세기 초에 나타났던 러시아 구성주의와의 연계처럼 보이며 또한 기계적 형태의 미학이 다시 중요한 역할을 하고 있는 것 같은 경향이 나타났는데, 이제까지 박스형태의 안정된 의미를 주는 것보다 더욱 불안정한 형태의 가변성을 가진 방식이 생기기 시작하였다. 즉 분할, 분해, 왜곡, 전이 등으로 표현되는 구성을 보이면서 형태가 해체되고 중첩되는 성향을 나타냈다. 이것을 해체주의라고 한다. 여기에 해당하는 사람들은 프랭크 게리(Frank O. Gehry, 1929), 피터 아이젠만(Peter Eisenman, 1932), 쿱 힘멜블라우(Coop Himmelblau), 렘 콜하스(Rem Koolhaas, 1946), 베르나르 츄미(Bernard Tschumi, 1944), 자하 하디드(Zaha M. Hadid) 등이다.

구겐하임 미술관, 프랭크 게리, 빌바오(1993~1997)

4) 컴퓨터와 디지털 건축

1960년대 초 컴퓨터가 영화에 사용되고 있을 때 건축설계에는 별다른 영향을 미치지 못하는 것으로 생각되었으며 또한 CAD도 미미한 것으로 생각되었다. 그런데 렌조 피아노의 빌딩 워크숍이 컴퓨터를 사용하여 일본 오사카 만에 세운 간사이 국제공항을 설계하고 프랭크 게리가 컴퓨터 프로그램의 무한한 가능성을 확인하게 한 빌바오의 구겐하임미술관 설계는, 컴퓨터가 설계에서 무한한 가능성을 가질 수 있다는 것을 확인하였다. 21세기 초 지금은 컴퓨터를 최대한 사용하여 새로운 형태의 구조와 실내공간을 창안해내고 있다. 경량금속, 폴리탄산에스테르와 같은 최첨단 자재가 등장하였고 구조와 공간이 무한히 변형될 수 있는 가능성은 컴퓨터의 디지털 건축에의 공헌에 기반하여 근본적인 면에서 거의 변화가 없었던 구조와 공간의 한계를 넘고 있다.

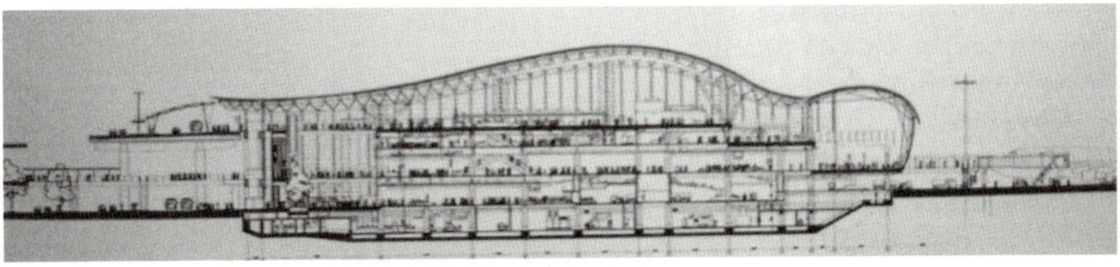

간사이 국제공항 단면도, 렌조 피아노(1988~1994)

간사이 국제공항의 내부

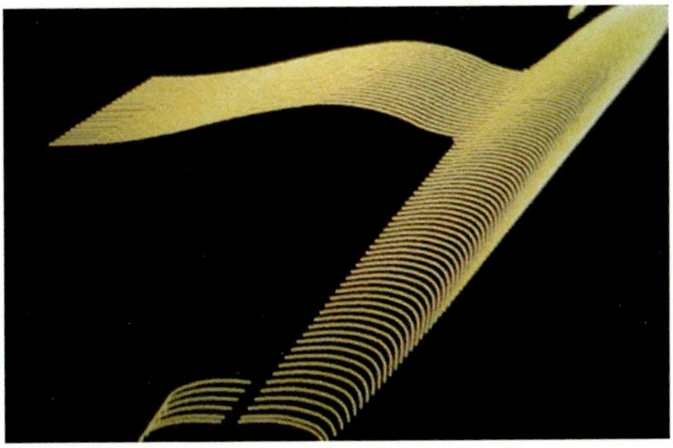

간사이 국제공항의 설계는 컴퓨터를 이용한 구조적인 해석과 분석이 사용되었다.

Chapter 3_ 건축과 공간

3-1 공간의 어원

공간(Space)이라는 말의 어원은 라틴어의 spatium에서 유래하였다고 하는데, 이것은 불어의 espace, 이탈리아어의 spatio 등과 관련 있어 보인다. 독일어로는 raum이며, 이 raum이 영어에서는 room인데 초기에는 '공간'이 방(房)이라는 실내의 공간을 의미하다가 점차 전반적인 공간으로서의 뜻을 가지게 되었을 것이다. 실제 공간이라는 어휘가 건축에 많이 사용되기 시작한 것은 100년 남짓하다.

옥외에서 편 자리

버스 속의 공간

우산속 공간

한자 공간(空間)은 비어있다는 뜻이고, 인간, 시간에서의 간(間)은 서로 간의 관계라는 한자의 뜻을 가지고 있다. 비어있는 것들 간의 관계, 사람들 간의 관계, 시간의 관계라고 연관하여 생각해 본다면 흥미롭다.

우리가 가족들과 같이 야외로 놀러가서 돗자리를 펴고 그 위에 앉게 되면, 이제까지 아무것도 없던 곳에 장소가 생기게 되며, 그곳은 일종의 휴식을 즐길 수 있는 곳이 된다. 길에서 기다리다가 버스를 타면 버스 속이라는 다른 환경 속으로 들어가게 되고, 그때 길과는 다른 장소로 들어오게 되며, 이때 버스 속이라는 공간을 느끼게 되는 것이다. 갑자기 비가 내리기 시작하여 우산을 펴면, 그 우산 속은 비를 맞지 않는 새로운 환경이 되며, 이럴 때 그것은 우산 속이라는 공간이 된다. 이와 같이 어떤 곳이 다른 부분과 전혀 다른 느낌을 가지게 될 때, 전혀 다른 환경과 느낌이 생기는 어떤 범위를 공간이라 하겠다.

광장 등은 도시공간을 형성한다.

건축공간(Architectural Space)이라 하면, 건축적인 요소인 '기둥' '벽' '천장' '바닥' 등에 의해서 새로운 환경과 장소가 생기는 것이라고 하겠다. 아시하라 요시노부(Ashihara Yoshinobu)는 『건축에 있어서의 외부공간』에서 "공간은 기본적으로 하나의 물체와 그것을 지각하는 인간과의 사이에서 생기는 상호작용에 의해서 형성되는 것이다."라고 말하고 있다.

도시에서는 가로로 이루어진 가로공간이 있다.

도시를 구성하는 도로, 집, 공원, 광장

등은 각각 서로 어우러져 공간을 형성하고 있다. 도로는 도로공간을, 집과 건물들은 서로 가로공간을, 공원 등은 옥외 휴식공간을, 광장은 사람들이 모일 수 있는 외부공간을 형성하고 있다. 이렇게 도시에는 도시공간(Urban Space) 또는 가로공간이 존재한다.

중국의 철학자인 노자는 “진흙을 형성하여 그릇을 만들면, 그 비어 있는 허공에서 유용성을 찾게 되고, 집에 문과 창을 뚫게 되면, 그 비어 있는 공간에서 유용성을 찾게 된다.”고 하였다. 진흙을 가지고 그릇을 만들고 여기에 물을 부으면 물은 자체의 형태가 없으나 그릇의 모양대로 형태가 갖추어진다는 뜻이며, 건축도 마찬가지로 공간 자체에는 형태가 없으나 건축이라는 구체적인 입체조형이 생기면 그 속에 공간이라는 것이 있다는 의미이다.

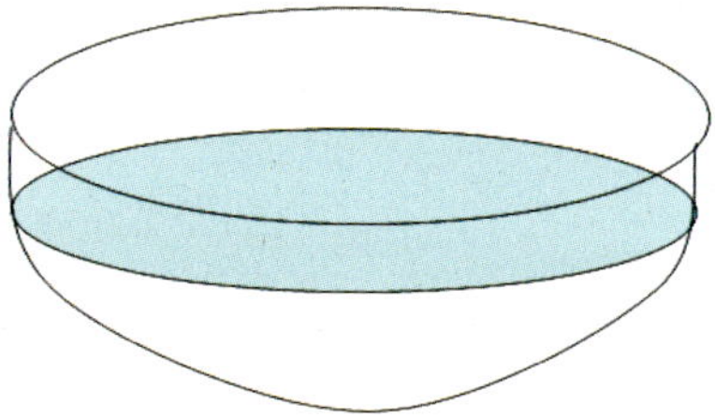

그릇의 형태에 따라 물의 모양이 이루어진다.

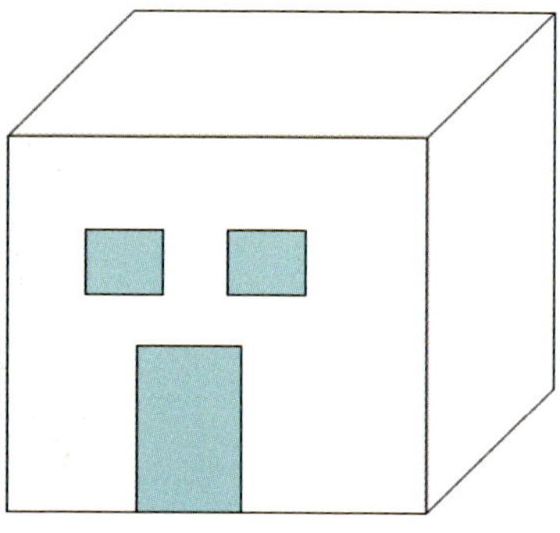

창문과 문이 만들어지고 속에는 공간이 있는 것이 건축이다.

3-2 공간(Space)과 허공(Void)

공간이란 비어 있다는 뜻이고, 속이 차 있어서 형태를 이루고 이 형태가 예술적인 감흥을 부여하는 것은 조각이라 한다. 건축공간(Architectural Space)이라는 것은 건축적으로 의미를 갖는 공간이라고 할 수 있으며 사람에게 쾌적하고 안전한 생활을 영위하기 위해서 존재하는 공간으로서 이곳에서 사람들의 생활이 이루어진다. 사람의 생활이라는 것은 심리적, 종교적, 상징적인 것까지 포함한다. 조각 속에 비어있는 부분이 있을 수 있지만, 그때 그것은 사람의 생활이 담겨져 있지 않은 허공(Void)일 뿐이다. 조각인 경우 대부분은 차 있는 것(Solid)으로 되어 있고 이것이 하나의 형태(Mass)를 이루고 있다. 또한 건축공간이 반드시 건축물 내부의 공간만을 말하는 것은 아니다. 사람의 생활이 이루어지는 모든 공간이 건축공간이 될 수 있다.

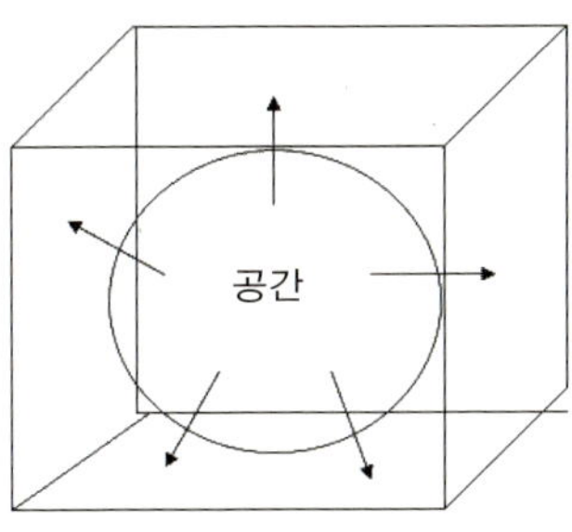

건축물 내부에는 비어있는 공간이 있는데 이것을 건축공간이라고 한다.

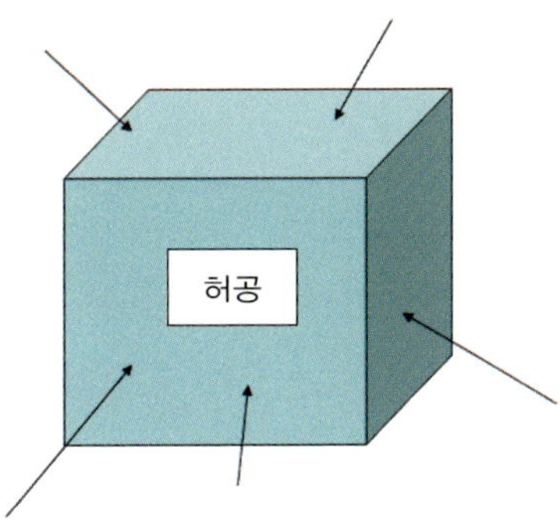

사람의 생활이 속에 담기지 못하는 덩어리는 조각이다.

3-3 내부공간과 외부공간

건축공간은 건축에서 가장 중요하다고 할 수 있다. 어떻게 보면 건축가의 일은 공간의 형태, 질서, 맥락 등을 조정하는 것이라고 정의할 수도 있다. 건축은 사람이 직접 생활하는 공간과 그것을 둘러 싼 부분으로 나눌 수 있다. 쉽게 집 안과 집 바깥의 구분이 있는 것과 같다. 건축에는 이렇듯 안과 바깥이라는 서로 다른 부분이 존재하고, 또한 서로 보완하고 있다.

주택이 있다고 하자. 주택 속에는 거실과 침실 등이 있다. 침실의 의자에 앉아 있는 사람의 입장에서 보면 거실은 침실의 바깥에 위치하고 있다. 그런데 침실과 거실은 다 같이 집 안에 있고 마당은 집 안의 바깥에 있는 것이 된다. 사람이 마당에 나와 있다고 한다면, 이 사람은 아직도 주택(집이라는 건물과 마당을 포함한 의미) 안에 있고, 대문을 열고 나가면 집 밖으로 나간다고 한다. 여기서 우리는 안과 밖이라는 개념이 서로 번갈아 가면서 뒤바꾸어 나가는 것을 알 수 있다.

이와 같이 비교적 안에 있는 건축공간은 내부공간이라고 하고 밖에 있는 공간은 외부공간이라고 말하는데, 내부공간을 Interior Space 또는 Inner Space라고 하고 외부공간은 보통 Outer Space 또는 Exterior Space라고 한다.

이런 비교적인 의미를 가지고 있으나 건축에서는 주로 건물의 내부에 있는 것을 내부공간, 건물의 밖에 있다고 생각되는 부분을 외부공간이라고 하는 경우가

내부공간은 그 용도가 명확하고 인간의 생활과 직접 관련이 깊다.

많다. 그래서 내부공간은 그 공간의 크기가 명확히 눈에 보이고 자로 잴 수 있으나 외부공간은 크기를 명확하게 자로 잴 수 없는 경우가 많다. 외부공간은 건물의 외부에 있으므로 자연의 공기, 하늘, 태양, 바람 등의 외부환경에 그대로 연결되고 있으며, 내부공간은 인공적인 환경으로 조성되어 있다. 외부공간을 이러한 자연 속의 공간이라는 의미로 사용할 때는 열려 있는 공간, 즉 오픈스페이스(Open Space)라고 말한다.

내부공간은 인간의 생활에 있어 매우 중요하다. 왜냐하면, 인간은 생애의 대부분을 실내에서 보내며 인공적인 환경과 밀접하기 때문이다. 제한된 자원과 환경, 증가하는 인구 때문에 인공적인 환경을 어떻게 만들어 나가느냐가 인간의 생활과 생존에 있어 매우 중요하다.

집 바깥에 경치와 같이 보이는 것은 외부공간이면서 오픈스페이스라 하겠다.

집 바깥에 있지만 마당과 같이 인공적으로 만든 외부공간은 일종의 '지붕 없는 건축공간' 이라 하겠다.

또한 외부공간은 단순히 자연적인 상태의 외부가 아니라 내부공간에 들어오기 위해 사람에 의해서 만들어진 공간이기 때문에 인간의 의도와 생활기능에 맞는 적극적인 공간이다. 그래서 요시노부 아시하라는 외부공간도 일종의 '지붕 없는 건축공간' 이라고 정의하고 있다.

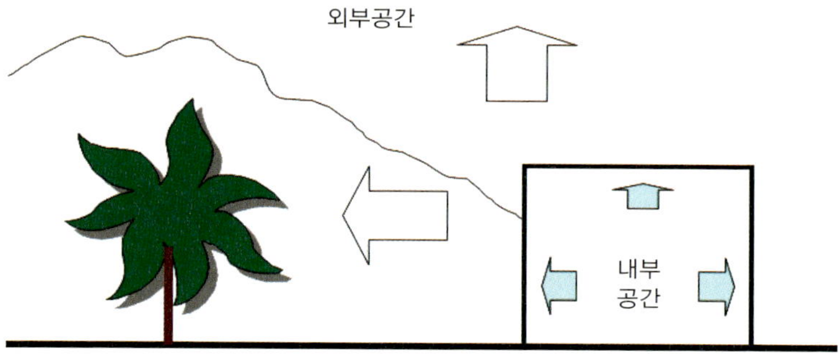

보통은 집 안과 집 바깥을 내부공간, 외부공간으로 구별한다.

3-4 중간 공간(Intermediate Space)

벽이나 기둥으로 둘러싸여 있고 천장이 있어서 실내라는 의미를 가지고 있는 것은 내부공간이고 그렇지 않은 것은 외부공간이다 라고 구별을 할 수 있지만, 천장이나 지붕은 있는데 벽은 없다든지 주택의 담장과 같이 벽은 있는데 지붕이 없다거나 하는 경우가 있다.

즉, 내부 같기도 하고 외부 같기도 한 중간적 의미를 갖는 공간이 있을 수 있다. 예를 들면, 우리나라 옛 건축에 있는 처마 밑의 공간 같은 곳이다. 우리나라의 집들은 처마가 길게 나온 곳이 많다. 비가 오거나 눈이 올 때 그것을 피하려고 처마 밑에 들어가 서서 기다리면, 비가 그대로 쏟아져 내리는 마당과는 다른 중간 정도의 의미를 가지는 공간 속에 자신이 있다는 것을 느끼게 된다. 이러한 느낌을 주는 것을 중간 공간, 또는 외부와 내부의 공간을 연결해 준다는 의미로 연결공간(Connect Space)이라고 할 수 있다.

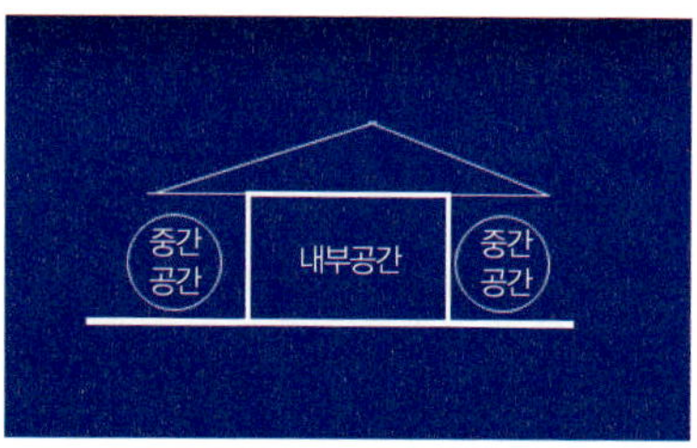

외부공간과 내부공간 사이에 있는 것이 중간공간이라고 하겠다.

아파트의 발코니와 같은 공간도 일종의 중간공간이며, 경복궁 근정전과 같이 주위의 기둥이 연속적으로 연결되어 있는 공간(보통 건축용어로는 열주공간)도 지붕은 있으나 옥외와 연결되어 있는 중간공간이라고 하겠다. 현대의 스포츠시설 중에도 육상경기장, 야구장과 같은 시설의 본부석에는 보통 차양을 설치하는 것이 보통인데 이러한 곳도 말하자면 중간공간이라 할 수 있다.

특히 우리나라에 이러한 중간공간의 의미를 갖는 건축공간이 많이 있는 것은, 뚜렷한 사계절을 갖는 기후에 적합한 건축물이라는 의미와 상징적인 공간의 의미를 잘 이해하고 있는 우리 선조들의 건축 공간에 대한 독특한 감각이 있었다는 것을 의미한다.

열주가 세워진 이런 공간도 중간공간이라고 한다.

통도사의 일주문은 지붕만 있고 실질적으로는 대문이 없는 문이다. 이것은 절 바깥과 안을 서로 연결시켜주는 상징적 의미의 공간이다.

3-5 적극적 공간과 소극적 공간

넓은 광장에 높은 기념탑이 있다면 광장 내에서의 모든 행위나 행동, 시선의 중심이 되어 강력한 집중력을 가지게 된다. 반대로 주위에 건축물들로 둘러싸인 공간이 있고 그 가운데에 아무 것도 없다면 아늑하고 포근한 느낌이 들 것이다. 처음의 예와 같이 대상물에 대하여 적극적으로 시선이 모이게 하는 힘을 갖는 공간을, 아시하라 요시노부(Ashihara Yoshinobu)는 『건축에 있어서의 외부공간』에서 적극적 공간(Positive Space)이라고 하였다.

이 건축물은 시선을 집중시키고 있다. 이러한 공간은 적극적 공간이라고 할 수 있다.

우리나라의 주거공간으로 같이 둘러싸인 마당과 같은 곳은 주위의 건물에 의해서 뚜렷한 구심점은 존재하지 않으나 아늑하고 안정된 느낌을 주는 분위기를 가지고 있다. 이러한 것은 소극적 공간(Negative Space)이라고 한다. 우리나라를 포함한 동양의 건축물에는 이러한 음의 공간을 많이 볼 수 있고 서양의 건축물에는 양의 공간이 많이 나타난다고도 할 수 있다. 피라미드와 같은 조형물을 적극적 공간으로 생각할 수 있다면, 우리의 절과 같은 경우는 소극적 공간의 예라 하겠다.

동궐도에서 보이는 것은 수많은 마당으로 둘러싸여 있는 공간들인데, 이런 공간들은 아늑하고 포근한 느낌을 주는 소극적 공간으로 이해된다.

대개 적극적 공간의 경우에는 강한 상징성이 나타나게 된다. 서양의 성이나 궁전 등은 강력한 권위를 보여주는 원리이다. 우리도 궁이나 중요한 건축물에는 물론 이러한 상징성이 나타나기는 하나 경복궁의 광화문이나 창덕궁의 돈화문, 절의 일주문처럼 상징적인데 비해 서양의 건축물은 그 건물 자체가 상징성을 갖는 경우가 많다. 소극적 공간은 하나의 상징물보다는 마당이라는 에워싸인 모양으로 나타나는 경우가 많다.

낙안읍성과 같은 우리나라의 마을은 특정한 상징적 건물이 없고 전체가 하나의 아늑한 공간을 구성하고 있다.

창덕궁의 정문인 돈화문과 같은 경우는 상징성을 갖는다.

3-6 공간의 인식

사람이 공간이라는 일종의 느낌을 가지게 되는 것은 어떠한 경우일까? 사람은 어떻게 공간을 인식하는 것일까? 그것은 우선 사람이 무언가에 에워싸여 자신의 크기에 걸맞거나 자신의 활동에 적합하거나, 또는 심리적으로 자신과 자신의 동료, 가족이 활동하는 데 적당한 크기의 공간이 생겼다고 보일 때일 것이다. 이것을 공간의 인식이라고 한다면 이는 공간의 크기와 사람의 심리적 · 생물적 관계에 깊이 연관되고 있는 것이다. 어느 정도의 폐쇄감이 그 관건이 될 것이다. 사람의 주위에 네 개의 기둥이 설치된 경우와 같이, 아직 사람에게 어떠한 장소적 경계가 느껴지지 않을 때 공간을 인식하였다고 보기가 힘들 것이다.

그러나 어느 정도의 벽으로 둘러싸인 경우는 자신에게 영향력이 있는 경계가 생겼다고 볼 수 있으면서 동시에 공간이라는 느낌을 받을 수 있다고 볼 수 있다. 이런 경우 공간을 인식하였다는 생각이 들 것이다.

기둥이 세워지면 그 기둥으로 인하여 어떤 의미가 생기기는 하지만 아직 공간의 느낌을 갖기에는 부족하다.

공간의 인식에 영향을 미치는 예로 색채와 텍스처가 있다. 따뜻한 색채와 부드러운 텍스처는 따뜻한 분위기를 느끼게 하는 반면, 차가운 색채와 거친 텍스처는 차가운 공간을 인식토록 한다. 빛을 반사하는 표면은 공간을 확대시키며, 혼탁하고 어두운 색깔은 실제보다 공간을 축소된 것처럼 느끼게 한다. 공간이 인식되는 요소는 반드시 건축적인 요소가 아니더라도 가능할 수 있다. 야간의 조명은 공간의 느낌을 확실하게 하는 방법 중 하나라고 볼 수 있다.

조명등이 켜지면 어둠 속에서 공간의 경계가 새롭게 인식된다.

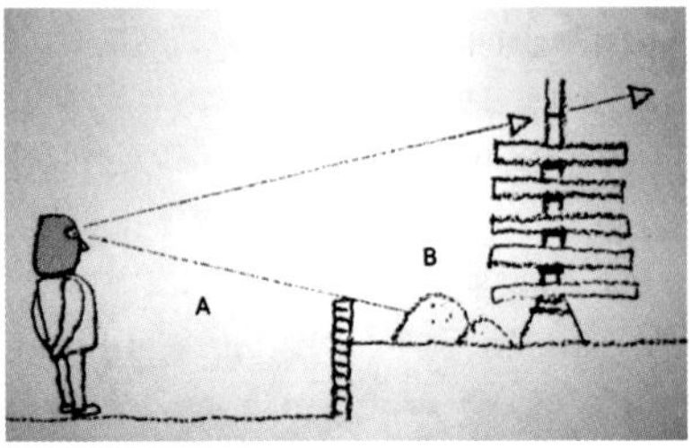

사람은 낮은 담장을 통하여 건너편에 있는 물체를 볼 수 있다.

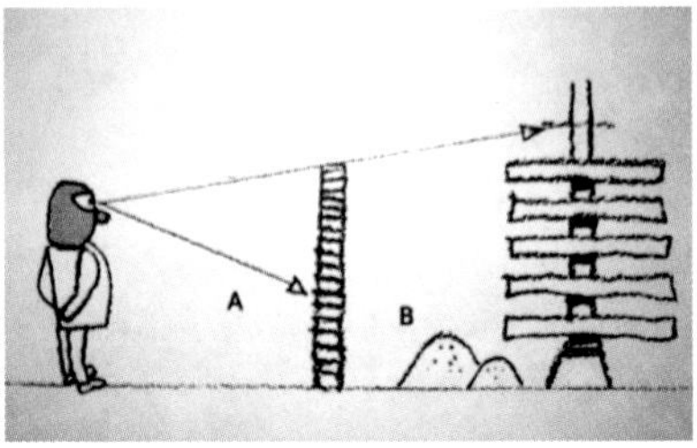

사람은 담장 때문에 건너편에 있는 물체를 인지할 수 없다.

또한 공간 내에서 자유롭게 위치한 가구나 식물 등은 공간의 방향을 인식하도록 하는 데 도움을 준다. 수평적인 요소는 공간을 길어 보이게 하며, 상대적으로 수직적인 요소는 공간의 높이를 더욱 높게 인식시키는 경향이 있다.

공간은 사람의 크기와 느낌에 따라 여러 가지의 다른 경험을 갖도록 해준다. 어떤 공간은 하나로 인식되기도 하고 어떤 공간은 하나의 커다란 공간으로 느껴지기도 한다.

예를 들면, 낮은 담장의 경우는 하나의 공간으로 보이고 담장이 높으면 다른 공간으로 느껴지게 된다. 눈으로 보이기는 하지만 다른 공간으로 보이기도 하고, 음성이나 소리를 통하여 옆에 다른 공간이 있다는 것을 알 수도 있다. 앞서 이야기했듯이, 바다냄새가 나면 보이지 않는 저 건너에 아름다운 바닷가가 있다는 것을 알 수 있다.

끔찍한 냄새가 난다면 무언가 심상치 않은 용도의 공간이 근처에 있다는 것도 알게 된다. 그래서 이러한 사람의 크기와 관련한 공간의 문제는 담장, 벽, 기둥, 칸막이 등의 건축적 요소뿐만 아니라 소리, 빛 등의 심리적 요소와 햇빛, 나무, 물, 지형적인 요소가 영향을 미친다는 것도 확실하다.

3-7 공간의 전개와 위계

대부분의 경우 공간은 상대적이며 복합적이다. 공간은 단독으로 하나만 존재하기보다는 여러 공간이 서로 연관성을 가지게 된다. 공간은 끊임없이 서로 이용되며, 각 공간구획을 넘나드는 인적·물적 흐름이 계속된다.

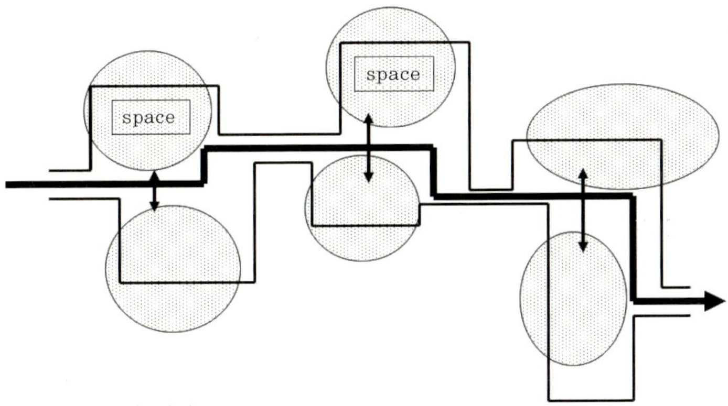

공간의 연속과 전개

또한 건축 내의 공간은 어떠한 하나의 중요한 용도에 따라 그 건축물에 중요한 공간을 가지며, 그 공간에 사람의 행동과 느낌이 집중되도록 하는 전개방향이 생기기도 한다. 그럴 때 중요한 공간과 그 공간을 위하여 존재하는 공간 등이 서로 연관성을 가지면서도 어떠한 위계를 가지기도 한다. 고대의 신전 등에서는 제실이나 신상을 모신 공간에 들어가기까지 넓고 낮은 공간에서 좁고 높은 공간으로 방향을 주기도 했다. 우리나라의 사찰에서도 중요한 공간인 대웅전에 들어가기 위하여 일주문에서 점차 계단을 통하여 여러 마당을 거쳐 차츰 차츰 높은 곳으로 가는 방법을 썼다. 이러한 것을 공간의 위계라고 하며, 공간이 항상 사람들이 움직이는 동적이고 다양한 공간을 사용함에 있어서 매번 다를 필요성을 갖기 때문에 중요하다.

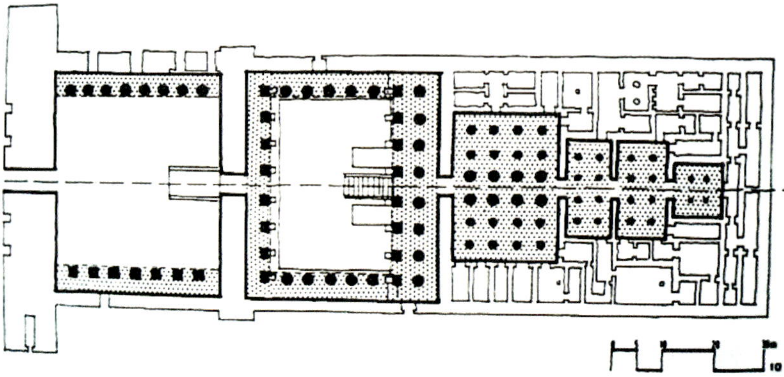

카르나크 신전(이집트)은 입구에서 오른편의 성소까지 점차로 넓은 곳에서 좁은 곳으로 집중하여 성스러움을 느끼도록 공간의 위계를 만들었다.

3-8 제3의 공간

우리나라의 건축가 김수근(1931~1986)은 1972년 세계건축가협회(UIA)의 하와이 강연에서 건축공간을 세 가지로 분류하여 제1공간, 제2공간, 제3공간으로 말하였다. 제1공간은 원시적 공간으로, 이는 기계에 의한 산업혁명이 일어나기 전까지의 공간이다. 제2공간은 기계적인 공간으로 정의하여 주로 근대적 합리성을 강조한 기능 위주의 공간으로 설명하고 이러한 기계적인 공간은 인간에게 인간 소외, 인간의 고독을 가져오게 되었다고 하였다. 또한 이것은 서양건축의 공간이 가져온 물질문명의 한계를 보여주는 것으로 파악하고, 이러한 공간에서 보다 더 인간적인 차원의 의미를 부여하는 것이 바로 제3의 공간이라고 하였다. 이 제3의 공간은 우리의 옛 공간으로부터 인

故 김수근의 20주기를 추도하는 전시회 포스터(2006년)

간회복의 개념을 배워야 한다고 하여 여유, 여백, 전통으로부터 나오는 장점을 건축공간에 부여해야 한다고 하였다.

이런 의미에서 그는 서양의 건축 공간 개념을 positive 공간이라고 하였고, 이에 대해 우리의 건축공간을 상대적으로 Negative 공간이라고 설명하고 우리 옛 건축의 문방(文房)과 같은 아무 것도 없이 담백한 공간과 조선 백자의 아름답고 간략한 선을 그 예로 내세우고 있다.

김수근 자신의 방을 우리의 옛 선비의 방처럼 여유와 여백이 가득한 문방으로 만들었다.

김수근의 대표작의 하나인 마산 양덕성당의 모습으로 내부는 자궁공간과 같이 포근하고 아늑한 느낌을 준다.

잠실 주경기장은 거대한 구조이지만 그 속에서 어머니 뱃속과 같은 포근함을 느낄 수 있다.

또한 그는 실제적으로 이러한 공간개념을 우리의 전통에서 찾으려 하고 건축작품에 이를 적용하고 표현하려고 하였다.

그의 작품은 부여박물관, 자유센터를 비롯하여 양덕성당, 경동교회, 잠실 올림픽 주경기장, 야구장, 공간 사옥, 서울대학교 예

문예회관 극장 내부는 불규칙한 벽들이 서로 엇갈리고 관객석도 자유스러운 방향을 가지고 있다.

술관, 동숭동의 문예진흥원 문예회관, 미술회관, 라마다 르네상스호텔, 서울역 앞의 정우빌딩 등에서 이러한 제3의 공간의 개념을 나타내고 있다.

한편으로 우리의 건축공간은 마치 우리가 어머니 뱃속에 있었을 때와 같은 편한 느낌을 주는 아늑한 공간이라고 정의하면서 이러한 공간을 어머니 모태와 같은 공간이라는 의미로 '자궁공간(Worm space)'이라고도 말하였다.

3-9 우리나라의 전통공간

우리나라의 건축공간은 5천년의 역사에 걸친 전통적인 개념과 사람들의 생활을 통하여 이루어진 건축의 역사적 토대를 바탕으로 독특한 특성을 가지고 있다고 하겠다. 우리나라 건축공간의 요소와 그 배경을 전개하기로 한다.

1) 풍수설 등 자연지형에 따른 배치

우리나라의 주거와 묘는 생사의 주거였다. 그래서 주택의 자리를 잡는 것과 묘를 쓰는 자리를 잡는 것은 다르지 않았다. 결국 우리의 건축 배치는 자연지형에 따른 합리적인 대지 선택에 해당하는 것이다.

풍수설에 의한 명당과 배산임수

한양성에 대한 배치와 그 사대문 중의 하나인 숭례문과 동대문이 서로 다른 이유로 계획된 것이 차이가 나는 점도 흥미롭다.

한양의 숭례문

한양 동대문의 옹성

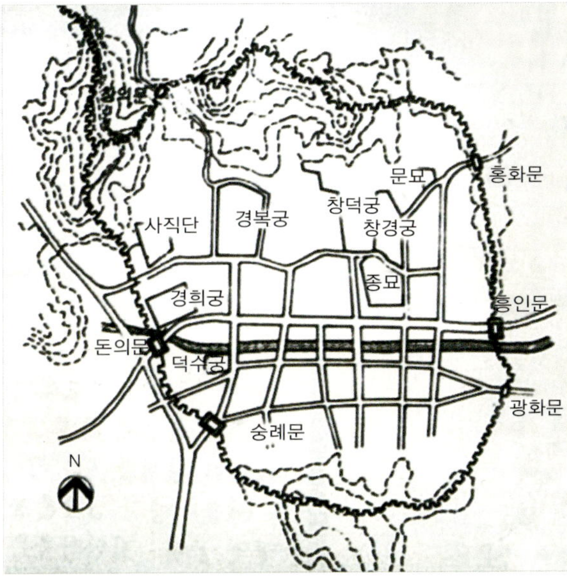

서울을 정하거나 궁궐과 도시계획에 있어서도 자연지형에 적합한 풍수설에 입각하였다.

2) 자연과 지형에 순응하는 배치-유기적 건축

도성이나 주택, 사찰 등 모든 건축물은 자연과 지형에 철저히 순응한 배치였다. 그래서 우리나라의 지형에 따라 직선축에 의한 배치보다는 좀더 유연한 변형의 배치가 이루어져서 딱딱하고 권위적인 건축물보다는 유기적이고 자연스럽게 건축이 이루어져 있음을 알 수 있다.

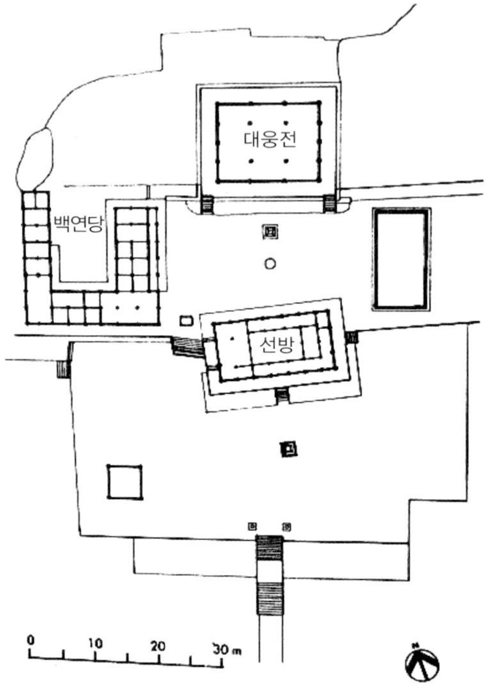

예산 수덕사는 지형에 따라 선방과 대웅전 일주문의 축이 틀어져 있다.

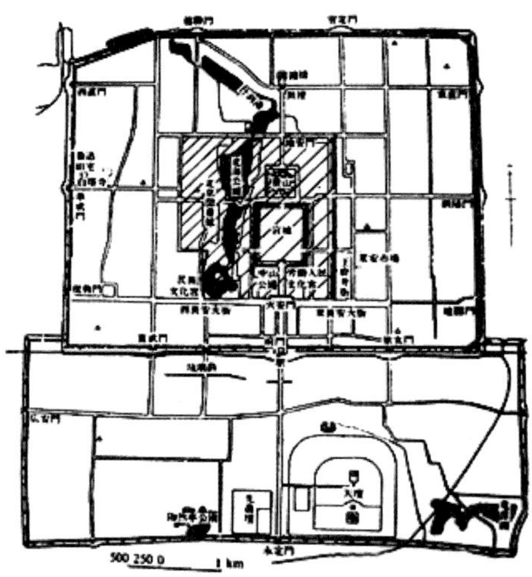

중국 베이징의 계획도는 권위적이다.

3) 부분에서 전체로-과정의 공간, 익명성, 시간의 공간

우리나라 건축물은 한 번에 전체를 보여주는 방법을 택하지 않는다. 대문을 통해서 마당으로 가고 마당을 통하여 다시 건물을 인식하게 하고 다시 중문을 통하여 다시 마당으로 나가고 하는 것을 반복하도록 한다.

영주 부석사 : 전체를 한 번에 파악하기보다는 부분들을 보면서 가다 보면 어느 덧 전체가 눈에 들어온다.

하회마을을 한 번에 인식하기는 어렵다. 마을을 다 돌아봐야만 그 마을을 비로소 이해할 수 있다. 여기서 건물 하나하나는 그런 전체를 이루는 요소일 뿐이다.

그래서 이런 과정을 통하여 마지막 건물을 다 인식해야 전체를 이해하게 된다. 이것은 사찰도 궁궐도 주택도 마찬가지이다. 그리고 각 건물 하나하나는 익명성을 가진다. 어느 특정한 건축물이 다른 건축물을 우월하게 제압하는 서양의 건축물 개념과는 전혀 다르다. 크기와 높이의 차이는 있어도 건축물 자체의 독특한 차별은 두지 않고 전체의 건물은 모두 동일하다.

4) 명확한 공간의 영역성과 위계성

공간의 용도와 기능이 명확하고 영역이 서로 겹치지 않고 공간의 성격이 확실하다. 그래서 각 공간이 서로 중요하고 그렇지 않은 것과의 관계가 정확하고 위계성이 있다. 연경당의 경우는 남녀의 공간이 나누어져 안마당, 사랑마당, 안채, 사랑채 등이 있고 행랑마당을 중심으로 행랑채 등이 형성되어 있다.

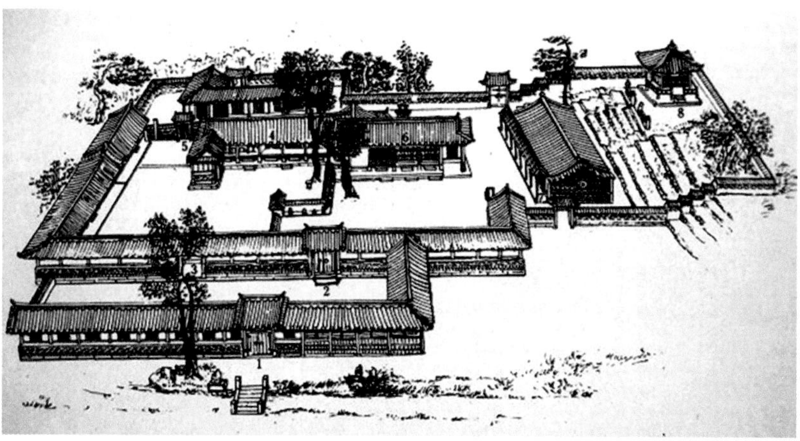

연경당을 보면 공간의 영역과 위계가 명확하다.

5) 인간적이고 친근한 공간

사람들에게 친근한 공간으로 느낄 수 있는 여러 가지 요소를 가지고 있는 게 우리의 건축이다. 우선은 자연적인 소재를 많이 사용하기도 하였지만, 너무 높지 않고 너무 크지 않은 사람의 스케일을 사용하여 경외감이나 소외감이 들지 않게 건물이 세워졌고, 건축의 구성 자체도 자연스럽게 이루어지고 있다.

자연의 소재를 사용하였다.

6) 간결한 공간구성과 여백

하회마을 주택도 양반집이지만 적절한 높이와 크기의 휴먼 스케일을 사용하였다.

담장도 자연적 소재를 사용하여 인간에게 적절한 포근함을 느끼게 하였다.

종묘는 세계건축문화유산으로 지정되었는데, 그 간결하고도 담백한 여백의 건축물로서 세계인들의 관심이 높다.

Chapter 4_ 건축 조형

4-1 건축과 형태

1. 형태의 유형

건축물이 어떠한 형태를 갖는가는 중요한 시각적 의미가 있다. 건축물의 형태는 사람들에게 여러 가지 느낌을 주는 데 일반적으로는 그 형태에서부터 아름다움을 느끼거나 웅장함을 인식하거나 또는 권위적으로 압도한다거나 하는 등 예술적 · 문화적인 상태로 만들어 왔다. 이런 것들을 포괄적으로 '건축의 미(美)' 또는 '건축의 아름다움' 이라고 표현할 수 있다. 그러면 이러한 느낌과 의미를 나타낼 수 있는 건축의 모양, 즉 형태가 어떻게 디자인되었는지는 흥미롭다. 어린 유아는 연필을 가지고 종이 위에 먼저 원을 그린다. 또 어린이들이 광장에서 놀고 있을 때 자신의 영역을 표시하기 위하여 지면에 그리는 형은 원이다. 원형은 어린이들에게 가장 매력 있는 형태이다. 원시시대의 것으로 이 같은 사실을 나타낸 좋은 예는 '환상열석(Stone Circle)' 이 있다. 평면적인 형(Shape)이 입체적으로 될 때가 형태, 즉 Form이라 한다. 건축은 이 형태를 다루게 되는 것이고, 형태나 형의 윤곽을 테두리(Edge)라 하고 형태를 인식하는 것은 테두리에 의해서 결정된다.

1) 자연에서 찾은 구상적 형태

우리가 디자인을 구상할 때 태양과 하늘, 나무와 바위, 백사장과 조개껍질, 낙엽과 눈송이 등 이들 자연에서 구하는 경우가 많으며 또한 자연은 그다지 기하학적이지 않은 건축학적 형태에 대한 모델이다. 육안으로는 보이지 않는 세포의 현미경 확대사진이나 백설의 결정체 확대는 추상화로 이용될 수 있으며, 원자의 구조방식에 의한 새로운 패턴이나 전자현미경으로 볼 수 있는 시각적 비밀의 아름다운 형과 색, 달나라(月世界)의 광물 등도 비록 구상이기는 하지만 우리들에게는 추상과 동등한 신선한 시각적 감흥을 느끼게 하는 자연계의 형태이다.

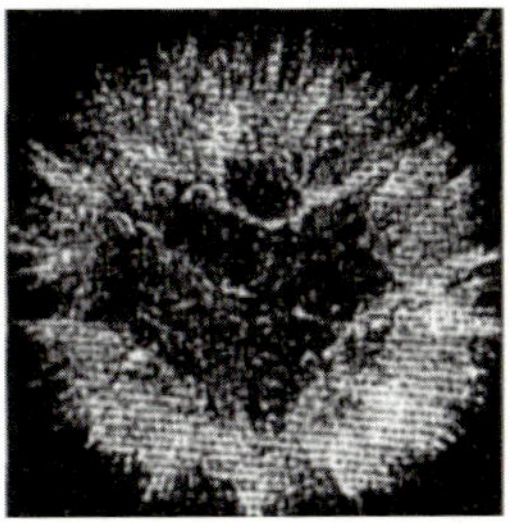

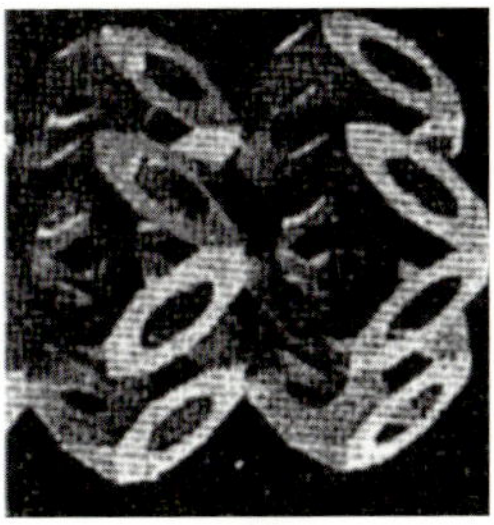

꽃잎이나 벌집에서 영감을 얻어 디자인에 적용하기도 한다.

2) 추상적 형태

디자인을 구상할 때 형태를 추상에서 구하기도 한다. 자연계에 있는 꽃, 동식물의 구체적 형태 속에 있는 내재적 생명 또는 내적 감각을 시각적으로 추상화하여 창조하기도 한다. 공중의 구름은 항상 변화하는 형태로 이해할 수 있다.

성 파밀리아 성당의 첨탑모양은 자연의 꽃이나 식물에서 응용되었다고 보여진다.

① 기하학적 형태

기하학적 형태는 원, 삼각형, 사각형 또는 피라미드와 같은 사면체, 구, 육면체 등의 형태로서 건축물이 구성되고 디자인되는 것을 말한다. 근대에 건축, 회화, 기계제품 등에 기하학 형태가 많이 쓰이기 시작했는데, 이는 단순성이 과학적이고, 구조적으로도 좋고,

기술적으로도 명쾌한 장점이 있어서 시대적 조류에 맞출 수 있기 때문이다.

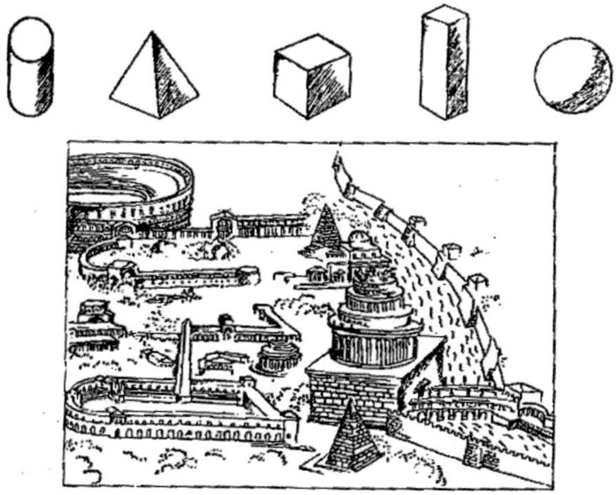

르 코르뷔지에의 스케치에는 기하학적인 도형으로 복잡한 형태를 만드는 것을 보여 주고 있다.

② 비기하학적 형태

비기하학적 형태는 기하학적 질서나 구상적 형에도 영향을 받지 않는 순수하게 자유로운 형태로서, 근대에서 현대에 이르는 동안 전성기를 이룬다. 이것은 기하학적 형태와는 달리 대칭이나 정형이 아닌 여러 형태의 조합으로 이루어질 수 있다. 인간의 창작적 미의식에 의하여 연구된 개성이 강한 조형으로서 명쾌하고 단순한 신선감을 준다.

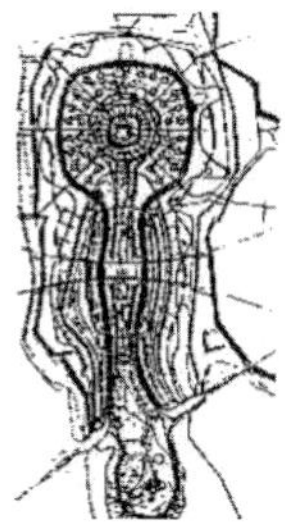

솔레리의 추상적 비기하학적 형태의 주택 계획안

3) 이념적 형태

자연물이나 자연현상이 형태의 다양한 동기로 묘사되거나 모방되고 있지만 인간이 만든 이념적 상징이 그와 같은 의미로 다른 조형의 소재가 되는 일이 있다. 종교적 동기에 근거하여 그리스도와 그리스도교의 상징으로 사용되는 십자가는 성당이나 교회의 평면형이나 건축에 많이 사용되었으며 파레트를 회화, 해머를 노동, 램프를 공부의 기호로서 기장(旗章)이나 마크에 사용하는 것도 이념적 형태에 해당한다. 불국정토와 서방세계라는 의미를 배치에 이용한 불국사의 경우도 건축에 이념적 형태가 적용된 예라고 하겠다.

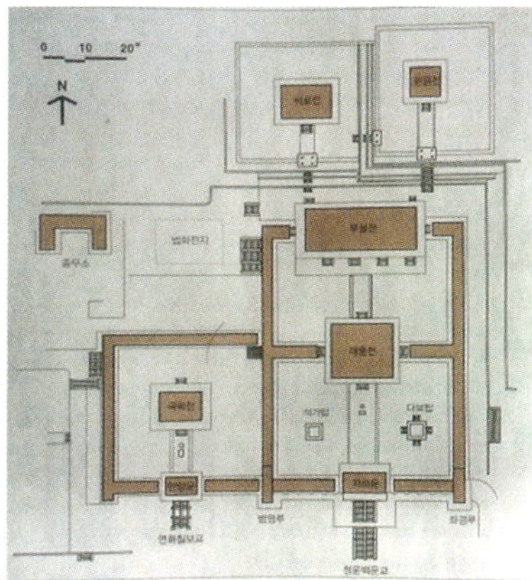

불국사의 배치는 불국정토를 구현하려는 의지가 담겨 있다.

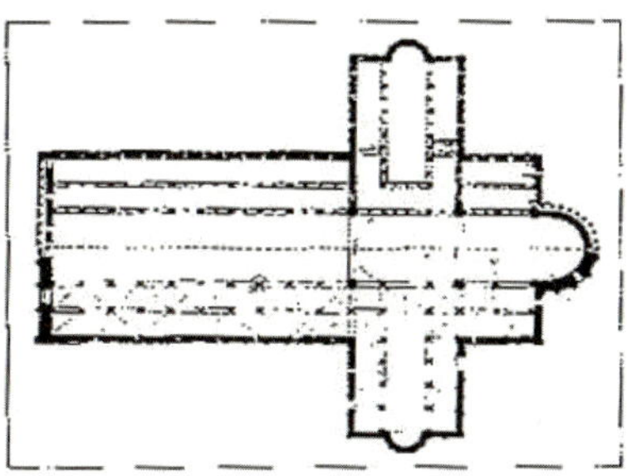

피사 성당의 평면은 십자가 형태이다.

2. 형태의 인식

1) 시각에 의한 형태 인식

형태를 인식하는 데 가장 중요한 것은 역시 시각이라고 할 수 있다. 그래서 건축에서 시각적 요소는 가장 중요한 의미를 갖는다. 시각에 의해 형태를 인식하는 것을 '시지각' 이라고 한다. 몇 가지 심리적 법칙이 있는데, 이를 소개하면 다음과 같다.

우리의 경험은 형태지각에 크게 작용한다. 이는 우리가 가지고 있던 어릴적 또는 교육에 의해 이루어진 잠재의식과 경험이 형태를 이해하는 데 중요한 역할을 한다는 뜻이다. 이를 '과거의 영향' 이라고 한다.

친숙했던 형태와 처음 보는 새로운 형태는 식별하기 쉽다. 그러나 그것들이 약간 변경된 장소에 옮겨지면 부분이 가려져서 지각하기 어렵고 또한 애매한 형태가 된다. 이것을 '익숙한 형' 과 '애매한 형' 이라고 한다.

형태 또는 도형을 각각의 상황이나 사정이 허락하는 한 간단한 구조로 지각하려는 속성이 있다. 될 수 있는 한 단순한 구조로 이루어진 대상이 손쉽게 지각된다. 이를 '단순화의 원리' 라고 한다.

하나의 전체로서 지각하기에 앞서 사람은 형태를 분해하여 이해하려는 심리가 있다. 이것을 '분해' 라고 한다. 여러 가지 크기를 가진 것들이 있을 때는 같은 크기를 가진 것을 먼저 이해하려고 하며, 여러 가지 형태가 섞여 있을 때는 같은 형태의 것들을 먼저 인식하려고 한다.

2) 반전도형

덴마크의 심리학자 루빈이 만든 '루빈의 잔' 이라고 하는 그림을 보면 배경(Ground)과 형상(Figure)의 개념을 이해할 수 있다. 이 그림은 보는 사람에 따라서 검은 바탕에 흰 잔으로 보이기도 하고, 반대로 서로 마주보고 있는 두 사람의 옆얼굴로도 보인다. 흰 잔으로 보일 때는 잔이 형상이고 검은 부분이 배경이 된다. 반대로 옆얼굴이 마주보고 있는 것으로 보일 때에는 얼굴이 형상이 되고 흰 부분이 배경이 되는 것이다.

르빈의 잔 속에서 두 가지 형상을 발견할 수 있다.

이와 같이 형상과 배경이 교체하는 도형을 '반전도형' 이라 하고, 여러 가지 그림으로 보이는 것을 '다의 도형' 이라 한다. 우리의 시각세계는 거의 이러한 배경과 형상의 조합과 연속으로 되어 있다.

건축에서도 전면이 유리로 마감된 건축에서 문까지 유리라면 사람들은 어디로 출입해야 할지 모른다. 또는 극장까지 같은 건물에서 천장과 벽에 너무 많은 장식물을 설치하면 분위기는 좋지만 관객은 무대에 주의를 집중하기가 어렵게 된다.

3) 게슈탈트 법칙(Gestalt Laws)

덴마크의 심리학자 루빈에 의해서 '게슈탈트 법칙' 이라는 것이 주장되었는데 이것은 일종의 형태 심리학적인 것이다. 즉 형태를 인식하는 몇 가지 경향을 이야기하는 것이며, 이것은 건축물의 디자인에 인용될 수 있다. 물리적인 역학원리로서 만유인력이 존재하듯이 사물이 사람들의 마음, 특히 시각에 작용할 때에도 역학관계가 성립한다는 것이다. 두 가지 사물은 시각에서 서로 끌어당기며 시각적인 힘을 갖는다는 것이다.

게슈탈트 법칙에는 다음과 같은 다섯 가지가 있는데, 먼저 '근접의 법칙' 을 꼽을 수 있다. 이 원리는 서로 위치가 가까운 것들은 하나의 형태로 이해된다는 것이다. 다음으로 '유사성의 법칙' 은 형상의 특징, 모양, 크기, 방향, 빛깔, 소재, 움직임 등이 유사한 것은 서로 군집되기 쉬우며, '연속성의 법칙' 은 방해받지 않는 윤곽선 등 일관된 연속을 갖는 것, 단순화된 힘을 이루고 있는 것은 각각의 형태나 도형으로 이해되기 쉽다는 것이다. 그리고 '폐쇄성의 법칙' 은 폐쇄되어 있는 선이나 형태는 개개의 도형으로 이해되기 쉽다는 것이며, '대칭성의 법칙' 은 좌우대칭인 형태가 보다 더 잘 이해되기 쉽다는 것이다. 이 법칙들은 사람이 형태를 인식하는 경향을 의미하는 것이라 하겠다.

4-2 비례(Propotion)

1. 비례의 의미

비례의 의미인 프로포션(propotion)은 라틴어의 '프로폴티오(Proportio)', 그리스어의 '아나로지오(Analogia)' 에서 온 용어인데, 균형, 비율, 비례, 분할을 뜻한다. 즉 대소의 분량, 장단의 차이, 부분과 부분 또는 부분과 전체와의 수량적 관계가 아름답게 잘 분할될 때 좋은 비례가 생긴다. 고대 그리스에서는 비례를 '아나로지아' 라고 하여 기하학적이고 종교적이고 신비로운 법칙으로 건축조각에 응용되어 왔다.

일반적으로 어떤 양과 양, 건축에서 이야기하면 선, 면, 공간 사이에서 상호의 양적인 관계를 말한다. 따라서 비례는 기준이 되는 것과 그것과의 비교되는 것과의 관계이므로 그 기준이 되는 것이 무엇이냐에 따라서 여러 의미를 가지게 된다. 그것이 숫자가 되면 급수가 되며, 음표가 되면 음악이 되며, 선과 악이라면 소설과 음악, 시가 될 수 있다. 이러한 비례관계가 사람들에게 쾌감과 즐거움을 줄 때, 이것을 비례감이라고 한다.

피타고라스는 항상 수를 도형에 의해 생각하였는데, 1은 위치를 나타내는 점이고, 점은 위치를 갖는 1이다. 직선은 두 점으로 만들어지고 평면은 세 점으로 만들어진다. 그리고 네 점은 가장 기본적이고 단순한 입체인 사면체를 만든다는 생각을 가지고 있었다. 중요한 것은 점, 선, 면, 입체의 네 가지가 가장 중요한 요소라고 생각한 것이다. 우리나라에서는 4의 발음이 죽음을 뜻한다하여 무척 꺼리지만 고대 그리스에서는 4를 성스러운 숫자로 여겼다. 이는 1+2+3+4=10이라는 법칙이 생김으로써 그리스인의 정서와 맞아떨어진 이유로 생각된다. 또한 피타고라스 학파에 속한 사람들은 정다면체의 종류가 정사면체, 정육면체, 정팔면체, 정십이면체, 정이십면체의 다섯 가지뿐이며, 손가락도 5개, 당시 알려진 행성도 수성·화성·목성·금성·토성의 5개 등, 5개의 정다면체 사이에는 신비스러운 관계가 있다고 믿었다. 철학자인 플라톤은 네 개의 다면체가 우주의 4원인 흙·물·공기·불을 상징하며, 불은 정사면체, 흙은 정육면체, 공기는 정팔면체, 물은 정이십면체로 상징되고, 이 4원소를 다같이 간직하고 있는 우주 전체의 모양을 정십이면체라고 생각하였다. 실제로 그리스에서는 건축물에서도 이러한 정면체, 정각체를 상징화하고 신성시하였다. 정삼각형이 신성시되기도 한 이유도 여기에 있다.

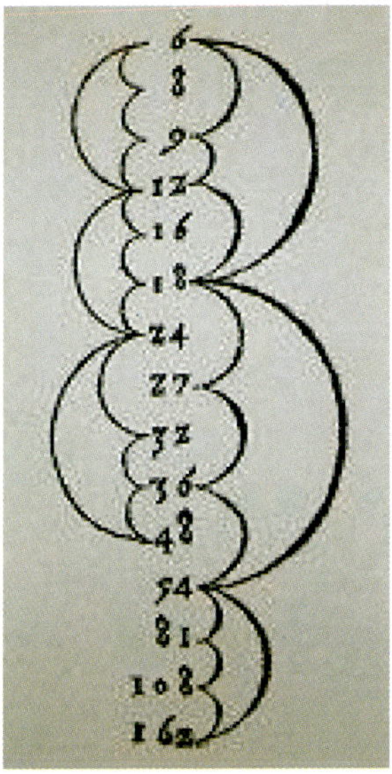

피타고라스가 생각한 수에 대한 개념도

2. 고대건축의 비례

1) 이집트 삼각형

이집트나 고대 그리스에서는 건축미에 관한 많은 철학적 논의가 있었고, 건축구성에 인용하였다. 이집트 삼각형은 직각을 만들기 위하여 14개의 매듭을 정하고, 그것으로 3 : 4 : 5의 직각삼각형을 만들었는데 결국 이것은 황금비의 기원이 된 것으로 보인다.

기제의 제1피라미드는 밑변 약 230m, 높이 146m이다. 이 치수는 피보나치 급수 중 144 : 233과 유사한 황금률의 근사치가 된다.

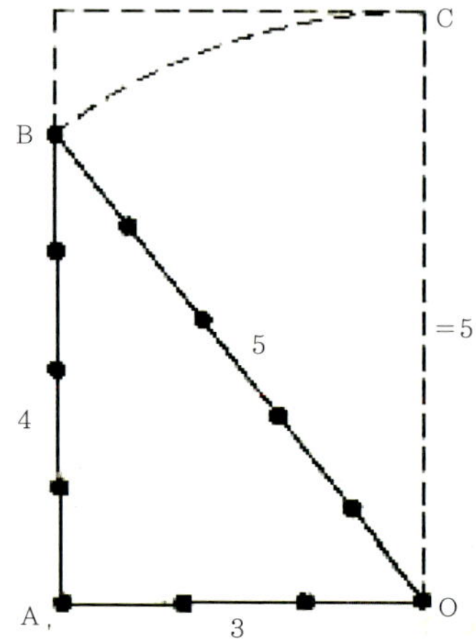

이집트 삼각형은 3 : 4 : 5의 직각삼각형으로 황금비의 기원이라 하겠다.

2) 비트루비우스(Vitruvius)에 의한 비례

로마시대의 비트루비우스(Vitruvius Pollio)가 처음으로 건축미의 형성이론으로 인체비례를 주장하였는데 그는 그리스 신전과 인체와의 사이에 관계가 있다고 주장하면서 그의 저서 '건축에 관하여(De Architectura, BC 25년경)' 에서 인체와 당시 로마의 기둥 등에 대하여 저술하였다.

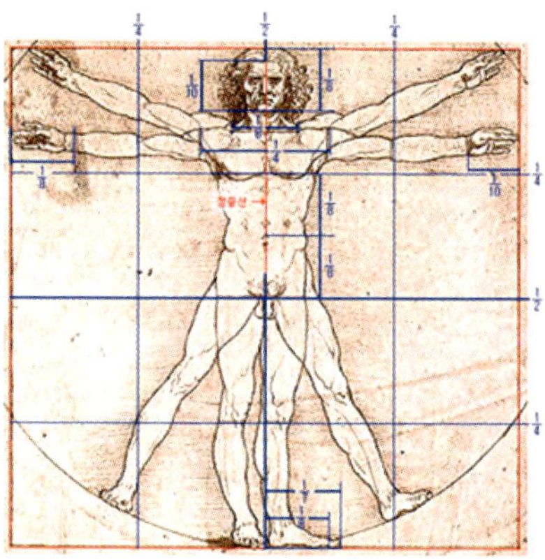

비트루비우스의 인체비례

로마시대의 기둥양식인 토스칸, 도릭, 이오닉, 코린티안, 컴포지트의 5가지

3. 황금비 또는 황금 분할(Golden Section)

고대 그리스에서는 황금비라 하여 일정한 비례를 가지고 있는 것이 이상적인 아름다움이라고 하여 일상의 디자인에 많이 사용하였다. 이 비는 무리수를 사용하여 계산된 것으로서 1 : 1.618 또는 1 : 0.618 등이 된다. 1.618−1=0.618이 되며, 이 나머지는 또한 서로 비례를 이루고 있다. 이러한 것들을 황금비라고 하며, Golden Section이라고 한다.

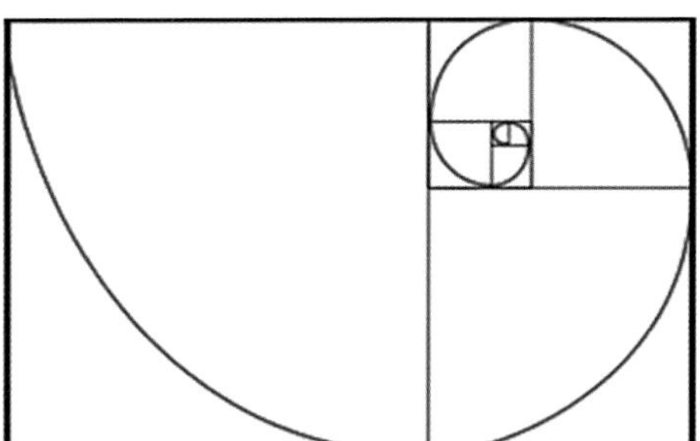

황금분할의 작성

황금분할은 그리스 신전 등의 건축물에 적용하는 기준이었다.

4. 르네상스 이후의 비례

예술이 종교에서 벗어나 독자적 가치를 추구하게 되자 건축가 브루넬레스키(Fillippo Brunelleschi)와 건축가 알베르티(Alberti)는 비투르비우스의 이론을 다시금 발굴하여 르네상스시대의 비례 이론의 전개에 기초가 되었다.

1) 레온 바티스타 알베르티(Leon Battista Alberti)

건축미학의 창시자라고도 할 수 있는 알베르티는 '회화론 Della Pittura(1435)'에서 화가들에게 기하학적 지식의 필요성을 강조하고, 원근법인 투시도법을 제안하고 원형 또는 그것에서부터 파생된 도형을 평면과 입면에 적용하였다.

마리아 노벨라 성당의 설계에 정방형, 2 : 3의 비례 등 개념을 사용하였는데, 이후 레오나르도 다빈치, 미켈란젤로 등이 실행에 옮기고, 팔라디오(Palladio)가 그 이론을 잘 발전시켰다.

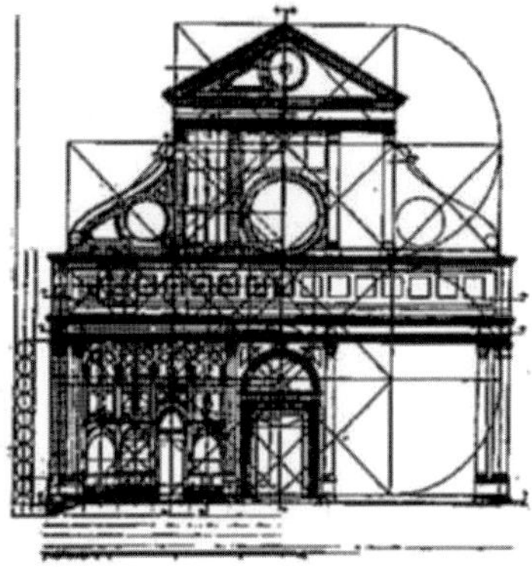

산타마리아 노벨라 성당의 설계에서 정면을 정사각형과 2 : 3 비례 등을 사용하여 디자인하였다.

2) 안드레아 팔라디오(Andrea Palladio)

팔라디오는 『건축 4서』라는 저서에서 아름다움이란 부분과 전체의 상응 관계로부터 생긴다고 말하고, 비트루비우스의 규정 속에서 더 적극적인 아름다운 형식으로서 '원형' 을 가장 가치 있는 것으로 보아, 가장 아름다운 것은 원형 및 사변형이다라 하였다. 신전 건축의 평면 등에 원형을 채용하고, 집중식 교회당을 설계하고, 통일성 · 무한성을 중시하였다.

그는 로마의 시빌 신전, 중세의 템프에토, 바로크의 성 로렌조 성당 등의 집중형 평면을 아름다운 비례의 예로 들고 있다. 원형, 정사각형, 장방형 5가지 등 7가지의 방을 제안하고 방의 높이도 방의 폭과 길이에 대하여 적당한 비례가 되도록 해야 한다고 제안하였다.

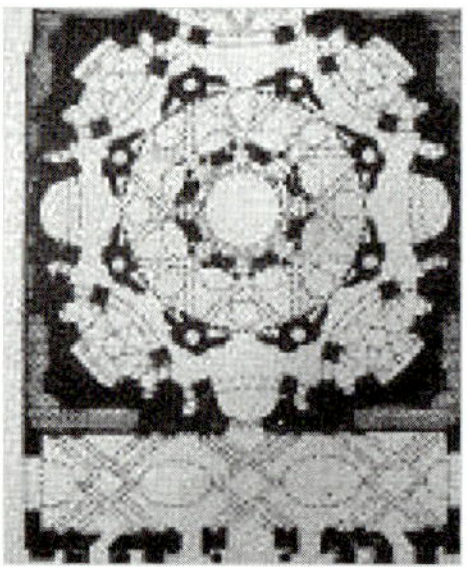

성 로렌조 성당

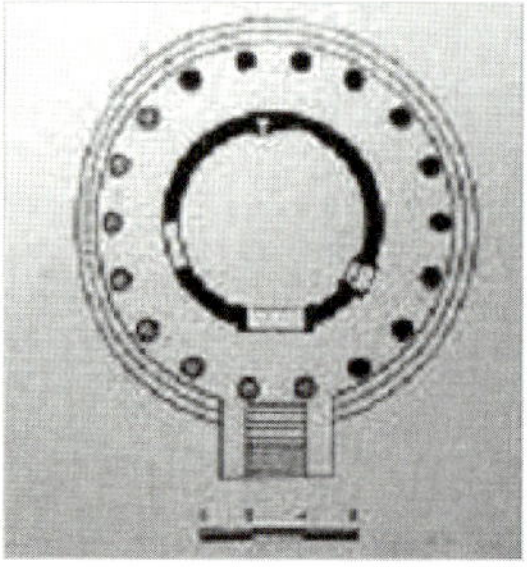

로마의 시빌 신전

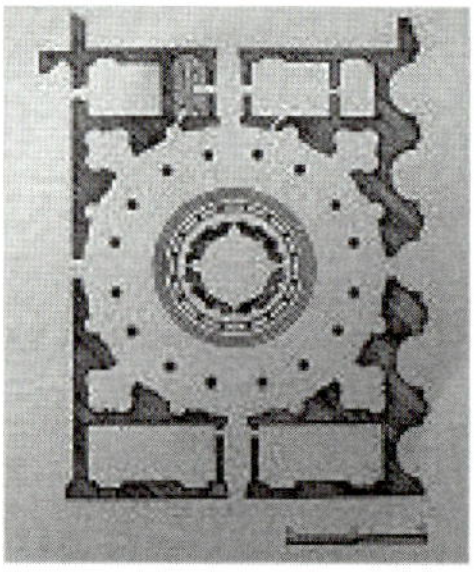

중세의 템프에토

몬드리안의 그림은 비례의 아름다움을 보여 준다

4-3 단위(Unit)

1. 십진법

건축물에는 어떠한 반복적 단위가 사용되고 있음을 알 수 있다. 또 건축물에는 그 시대 또는 그 문화에 두드러진 특징을 나타내는 어떤 주된 요소나 패턴이 반복되고 있다. 그것이 하나의 문양일 수도 있고, 어떤 재료일 수도 있고, 또는 눈에 보이지는 않으나 무엇인지 형이상학적인 요소일 때도 있다. 여기서는 이러한 특징적 요소로 나타난 것들을 다루기로 한다.

옛날부터 인간은 자신과 주변, 자연과의 크기 및 힘을 비교할 수 있는 단위가 필요하였다. 역사상 여러 민족과 나라에서 사용했던 단위체계와 각 생산체계에 쓰이는 단위는 뚜렷하지는 않지만 공통점이 있다. 또한 건축의 일정한 생산체계도 주로 인체 각부, 특히 신장, 손, 발의 치수를 바탕으로 한 척도체계이다. 이러한 비교를 한다든가, 물체를 잰다거나, 생산을 한다든가 등 인간의 행위는 생산노동에서 시작된 것이며, 이러한 행위를 납득할 수 있는 척도 기준은 인체, 그 자체였다. 예를 들면 고대 이집트에서는 팔이나 손바닥을 바탕으로 한 Cubit라는 척도가 있었고, 또 발이나 팔을 기준으로 한 영국의 Foot나 Yard 단위를 들 수 있다. 우리나라의 경우도 황종척, 영조척, 포백척, 양전척 등의 척관법은 인체 척도를 바탕으로 산출된 체계인데, 인간생활이나 건축의 척도로 편리하게 쓰여 왔다. 따라서 단위는 인간의 신체치수에서 발달하였으며, 건축의 치수단위도 인간의 신체치수에 그 근원이 있다.

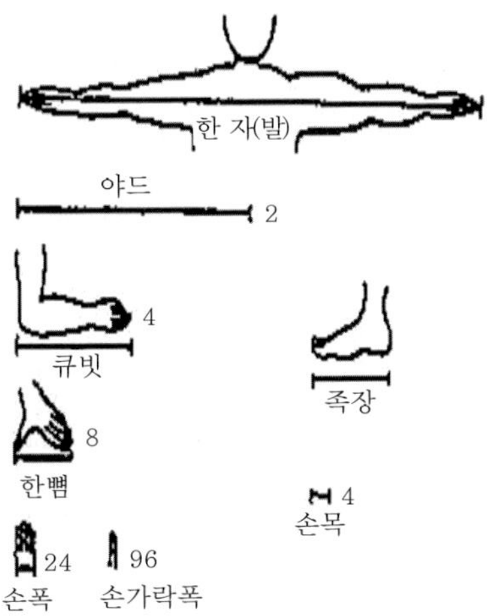

인체에 의해 생긴 길이의 단위

지금 우리가 사용하는 십진법은 사람의 손가락을 가지고 수를 인식하였던 원시적 편리성에서부터 시작된 것이라고 생각된다. 현재로서는 이 십진법이 모든 나라에서 통용되는 가장 중요한 기준이 되고 있으며, 모든 치수, 중량, 단위의 척도가 되고 있다. 화폐의 단위도 이러한 기준에 의해서 이루어졌는데 우리나라의 화폐 종류도 여기에 따라 1원, 5원, 10원, 50원, 100원, 500원, 1,000원, 5,000원, 10,000원, 그리고 5만 원 권으로 쓰이고 있다. 미국과 유럽의 경우는 20달러, 20유로의 화폐단위가 있어 편리하게 되고 있다.

고대 메소포타미아에서는 60진법이 사용되었다. 이 60진법은 아직도 시간의 단위에 남아 있어서 1시간을 60분, 1분을 60초로 하여 사용되고 있다. 또한 60의 6배인 360을 가지고 원을 분할하여 그 하나를 1도로 정하였다. 이것을 시간 단위에 응용하면 제대로 적용할 수 있다. 1년은 365일, 1년은 12달, 하루는 24시간, 1시간은 60분 등등, 보통 하루를 4등분하면 아침, 점심, 저녁, 밤이 된다. 3등분하면 8시간 자고 8시간 일하고 8시간 쉬게 된다. 2등분하면 낮과 밤이 되고, 인간은 3시간마다 위장을 채워야 하며, 4시간 이상은 어떠한 일에 계속 집중하기가 어렵다. 1초에 2번 정도 맥박이 뛰고, 2초에 한 번씩 눈을 깜빡이게 된다.

60진법을 2로 나눈 30일은 대략 한 달의 길이가 된다. 그래서 60진법은 시간의 진법 또는 인체의 진법이라고 하는 학자도 있다. 이것은 대략 달의 천체운행과도 일치하고 있으며, 사람의 생리현상과도 밀접한 관계를 가지고 있다. 또한 중국과 우리나라에서는 60년을 단위로 하는 십간 · 십이지가 쓰이고 있었고, 현대에도 이러한 것들이 우리 생활에 중요한 의미를 가지고 있다. 즉 십간은 갑, 을, 병, 정, 무, 기, 경, 신, 임, 계의 열 개이며, 십이지는 자, 축, 인, 묘, 진, 사, 오, 미, 신, 유, 술, 해의 12개의 짐승을 상징하고 있다. 그래서 갑자년, 을축년 등의 해의 이름을 사용하고, 이것이 60년 만에 다시 순환되는 형식을 취하고 있다. 이를 '회갑'이라고 하는 것을 우리는 잘 알고 있다.

옛날 우리나라에서는 모든 것을 음양으로 나누어서 따지는 경향이 강했으며, 지금도 그러한 사상이 있다. 우리나라의 태극기에도 이러한 수의 개념이 표현되어 있다고 한다. 이는 두 가지 막대를 사용하여 좋은 일과 나쁜 일을 점치던 것을 보아도 알 수 있다. 이것을 역(易)이라 부르고 각각 건(乾), 태(兌), 이(離), 진(震), 손(巽), 감(坎), 간(艮), 곤(坤)의 '팔괘(八卦)'를 사용하였다. 여기서 우리의 태극기는 건이감곤을 택하여 4괘를 사용하고 있다. 위의 8괘를 양과 음으로 나누어 양을 1로, 음을 0으로 보면 111, 011, 101, 001, 110, 010, 100, 000 등이 되며 이는 이진법의 0부터 7까지의 수와 일치한다. 이를 처음 지적한 사람은 독일의 철학자인 라이프니츠(Leibniz, 1646~1716)였다. 이를 이용하여 그는 수학에서 이진법을 발견하였으며, 이것은 현대과학의 총아라고 하는 컴퓨터에 사용되고 있다.

2. 길이의 단위

건축에서 가장 많이 사용하는 것은 길이의 단위이다. 사람은 길이를 측정하는 단위로 가장 중요한 손가락이나 팔을 사용하였다. 팔굽에서 손을 폈을 때 가운데 손가락 끝까지의 길이를 큐빗(cubit=0.4236m)이라고 하였으며, 사람이 가장 피로를 덜 느끼며 사다리 한 계단을 오를 수 있는 수직거리로 대부분 사람 발길이와 일치하는 단위 피트(foot=약 30cm)를 사용하였다. 사람이 팔을 벌렸을 때 양팔 사이의 거리가 자신의 키와 같으나 그 반은 90cm가 되며, 이것은 야드(yard)라는 단위로 쓰여졌다. 척관법에서는 한 자(尺)라는 단위를 사용하였는데, 이것이 1 foot와 같다. 그 10분의 1이 한 치(寸)라 하여 약 3cm쯤 된다. 우리나라에서는 약 5.4km를 1리로 하였고 대동여지도의 거리치수는 이를 기준으로 하였다. 일본은 4km를 거리의 단위로 하여 사용하였다.

현재 건축에서 사용되는 길이의 단위인 m는 프랑스의 파리를 지나는 지구 자오선의 4천만분의 1을 그 기준으로 하여 십진법을 사용하고 있다.

3. 면적의 단위

낙농국가에서 한 사람이 낫 한 자루로 하루에 풀을 벨 수 있는 넓이 또는 소 두 마리가 하루에 경작할 수 있는 넓이의 땅을 에이커(Acre)라고 하였다. 또 프랑스에서는 쥬날(Journal), 이탈리아에서는 지오나타(Giiornata), 스페인에서는 파늄(Fanum), 독일에서는 타크베르크(Tagwerk)라고 한다. 중국에서는 면적단위로 1보(步)를 기준으로 하여 100보 사방을 1회, 100회를 1부, 3부를 1옥, 3옥이 1정(井)이라 하고, 이 1정의 한 변을 1리(里)라 하여 거리의 단위로 하였다.

4정(井)을 읍(邑), 4개의 읍을 1구(丘), 4개의 구를 순(旬), 4개의 순이 합쳐지면 현(縣)이라 하고, 지방의 단위로 삼았다. 현이 4개 모이면 이를 도(都)라고 하였고 지금의 도시라는 의미가 여기서 발생한 것으로 보인다. 4개의 도가 모이면 이것을 1동(同)이라고 하며, 이때의 한 변의 거리가 100리(里) 정도가 된다. 10동이 모이면 봉(封)이라 하여 왕족이나 귀족에게 내려 주는 작은 독립적 왕국의 면적이다. 10개의 봉이 모이면 왕기(王畿)라 하여, 그곳을 다스리는 자는 비로소 왕이 될 수 있고, 이때는 사방 1,000리(里)가 되는 것이다.

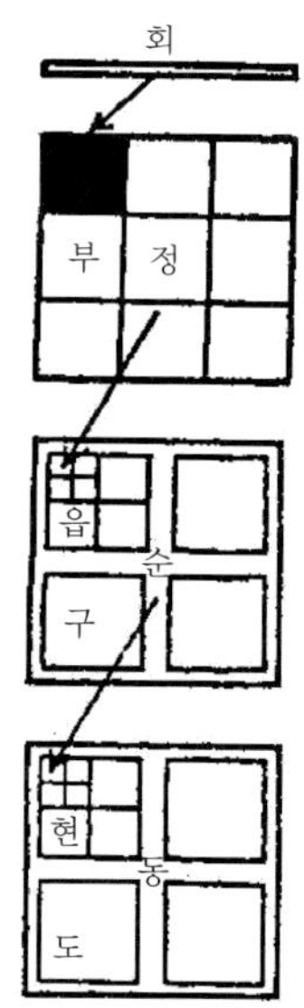

중국의 면적단위

우리나라는 건축의 면적을 나타낼 때 평 坪(1평은 3.3025m^2)이라는 것을 면적단위로 오랫동안 사용하였으나 근래에 이르러서는 m^{2}만 사용하기로 되어 있다. 이는 국제적 기준에 맞춘 방침에 의한 것이다.

4. 미터법

1790년 프랑스의 C.탈레랑의 제안에 의해 파리과학아카데미가 정부의 위탁(委託)을 받고 만든 것으로서 지구 자오선 길이의 1/4,000만을 1m로 하여 기본 단위로 삼고, 각 모서리의 길이가 1/10m인 정육면체와 같은 부피의 4℃ 물의 질량을 1kg, 그 부피를 1ℓ로 하고, 프랑스에서는 1840년 강제 집행하였다. 1875년 국제적인 미터조약이 성립되고, 1889년 국제원기를 제정, 1960년 제11차 국제도량형총회에서 국제적 단위의 길이표준을 크립톤 86(86Kr)의 원자가 방사하는 오렌지색의 스펙트럼선 파장으로 바꾸는 등, 개정의 노력이 장기간에 걸쳐 계속되었다. 1967년에는 미터법을 국법으로 채용한 나라가 70개 국으로, 학술적인 제반 단위는 거의 전부가 미터법을 토대로 하여 짜여졌다.

우리나라에서는 계량법 제11조에 의해 1963년 5월 31일부터 거래·증에 미터법 외에는 쓰지 못하도록 규정하고 있으며, 1963년 12월 31일을 유예기한으로 하여 미터법의 완전 실시(건물·토지 제외)가 행해지고, 1983년 1월 1일 시행령 부칙 제2조에 의해 건물·토지까지도 미터법을 사용하게 되었다.

4-4 척도와 치수(Scale & Dimension)

1. 척도와 인간적 척도(Scale & Human Scale)

척도와 치수라는 용어는 건축에서 가장 많이 사용되고 있다. 그러므로 이에 대한 연구와 지식을 가지고 있는 것은 중요하다고 할 수 있다. 척도는 스케일(Scale)이라고 하며, 어떠한 크기를 나타내는데 쓰인다. 무엇인가를 잰다는 measure 의미를 가지고 있다. 또는 이와 조금 다르게 치수(Dimension)라는 개념이 있는데, 치수는 어떠한 길이의 양을 나타내거나 또는 기본적인 어떠한 양을 물리적인 기준을 사용하여 나타내는 것이라 할 수 있다.

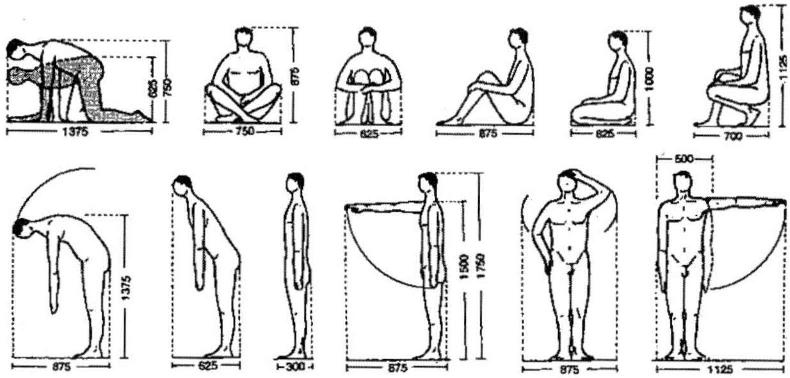

인체의 동작치수는 척도의 중요한 기준이 된다.

스케일은 물체 상호간에 유지되어야 할 적정 크기의 관계라 할 수 있다. 예를 들면, 도시스케일(Urban Scale)이라고 하면 도시라는 범위를 바탕으로 건축을 생각하고, 디자인하고, 다루는 것이라고 한다면 단지스케일, 거리스케일, 건축물 스케일 등으로 그 범위와 사고의 크기를 지칭한다고 할 수 있다. 즉 인간의 생활이나 동작, 인간의 크기에 적합한 건축물의 규모, 넓이, 길이 등을 유도하는 기준의 크기를 고려하는 것이라면 인간스케일(Human Scale)이라는 용어를 사용할 수 있다고 보여진다. 즉 인간의 척도를 휴먼스케일이라 할 수 있으며 실내의 크기나 그 내부에 배치되는 가구, 집기 등의 크기, 그리고 인간의 동작범위를 고려하는 공간관계 형성 기준이라 할 수 있다. 또한 그것은 인간의 생활을 위해 형성되는 건축물, 공간, 가구 등 모든 요소가 인간의 몸과 마음에 잘 맞아야 한다는 뜻이다.

2. 적정한 휴먼스케일

적정한 휴먼스케일이 무엇일까? 그것은 다른 말로 표현한다면, 그 요소를 이용하는 사람에게 꼭 맞아야 한다는 뜻이다. 여기서 인간의 척도에 꼭 들어맞는다는 것의 예를 들면 많은 사람들의 옷이 잘 맞지 않는 경우를 보았을 것이다. 바지의 무릎 부분이 너무 헐렁한 경우도 있고, 어깨 부분이 너무 클 경우도 있다. 또한 칼라 사이즈가 너무 작으면 넥타이를 매기 위해 단추를 잠글 수 없으며, 칼라가 너무 크면 단추를 잠글 수는 있겠지만 목 주위가 헐겁게 되는 경우를 많이 경험하였다. 이런 경우 우리는 옷을 입었을 때 불편감을 느끼게 되며, 편안한 옷을 찾기 위해 우리의 인체에 맞게 다시 재단하거나 다시 구입하게 된다.

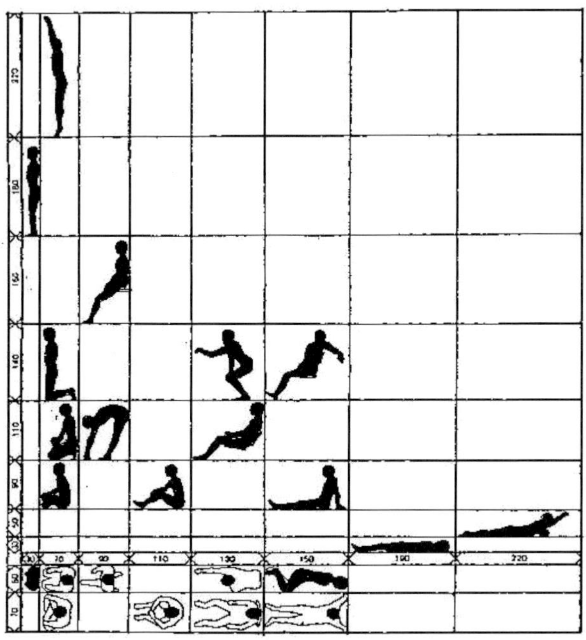

인간의 행위와 적합한 공간과의 관계를 나타낸 다이어그램에서 보듯 스케일은 인간이 중심이다

건축 디자인은 물리적 요소들을 인간을 위해 배치하는 것이므로 인간의 척도에 맞아야 하며, 이때 크기를 고려하지 않으면 안 된다. 인간의 생활이나 동작에 적합한 척도 및 휴먼스케일을 이루기 위해서 고려해야 할 요소로 환경적 영향, 인체치수, 인간의 행위와 반응, 인간관계상 거리 등 네 가지를 들 수 있다.

환경적 영향은 인간이 편안하고 아늑하게 생활할 수 있는 요소들을 고려해야 한다는 것이다. 예를 들면 소음, 빛, 온도, 습도, 환기 같은 요소에 대해 인간이 아주 뚜렷한 반응을 한다. 그리고 각각의 요소에는 인간이 안락하게 느낄 수 있는 어떤 범위가 있다. 이 범위를 벗어난 건축이나 척도는 인간의 쾌적한 생활을 위한 실용적인 면에서 소용이 없다.

3. 치수(Dimension)

인체의 치수는 모든 물체나 건축에 있어서 치수(Dimension)의 바탕이 되어야 한다. 성인의 신장이 5m나 1m일 수는 없으며, 일반적으로 평균 신장은 1m 80cm 내외라 할 수 있고, 체중도 40~80kg 내외의 범위를 이룬다. 물론 이런 신장이나 체중의 범위 밖에 있는 예외도 있으나 이러한 일반적 범위가 건축에서의 척도나 디자인을 할 때 사용할 수 있는 변수가 된다. 만일 이러한 변수를 고려하지 않는다면 인간에 필요한 요소, 즉 몸에 꼭맞는 휴먼스케일을 고려하지 않은 것이다. 물건 자체의 치수와 인간의 치수, 그리고 동작과 행동에 관계된 공간과 구성재에 따라 각각 규정된 치수가 있다. 치수를 결정하는 데도 사람 · 물질 · 동작 · 구법 등을 고려하여 기준이 되는 치수를 충분히 검토한 후 결정할 필요가 있다. 이것들은 척도, 기준치수라고 하며, 섬세하게 수직화된 변수에 따라 구사되고 있다. 유명한 르 코르뷔지에는 자신만의 기준치수를 만들어 모든 작품에 공통으로 적용하며 '모듈러'라 명명하였다.

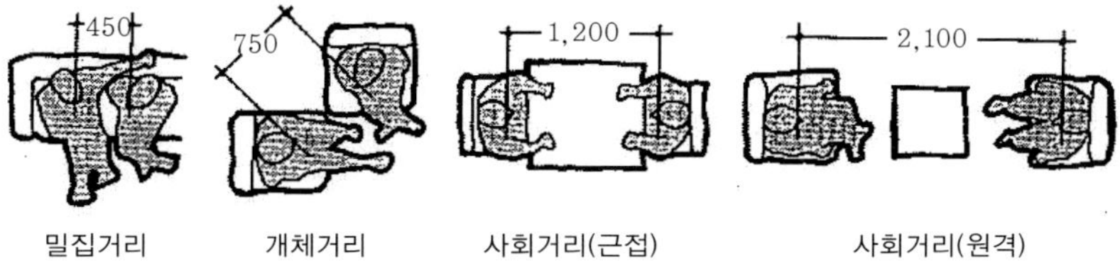

인간 간의 거리도 휴먼스케일에서는 중요한 관점이 된다.

공간적 치수는 인간의 몸과 인간을 둘러싸고 있는 공간의 크기와 즉 인간의 행위와 그에 대한 반응이다. 예를 들어 천장이 높은 실내는 사람들에게 허전한 느낌을 줄 수도 있는 반면에 웅장한 느낌을 받을 수도 있다. 기능적으로 높고 넓은 공간이 필요한 건축물도 있고, 작고 아기자기한 좁은 공간이 필요한 곳도 있다.

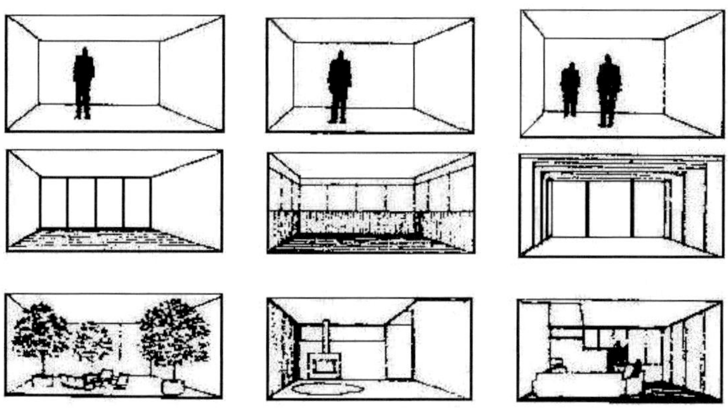

공간의 크기, 형태, 색, 가구 등 여러 요소가 건축스케일에 영향을 준다.

가구의 치수도 중요하다. 건축물에 사용되는 각 가구의 크기는 가장 밀접한 스케일에서 사람들이 사용하는 것이기 때문이다. 식탁의 경우는 높이가 적절해야 한다. 그렇지 않으면 식사하는 사람이 음식을 즐겁게 즐기지 못할 것이다. 의자의 등받이는 적절한 모양과 크기를 갖추어야 하고, 그렇지 않으면 사용자가 불편함을 느낀다. 목욕탕의 경우는 적어도 사용자가 타올로 등을 닦을 수 있는 넓이가 확보되어야 한다. 사무실 공간에서 서류 캐비닛은 적당한 깊이의 서랍이 있어야 하고, 그것을 이용하는 사람이 최대로 활용할 수 있도록 적당한 높이를 가져야 한다.

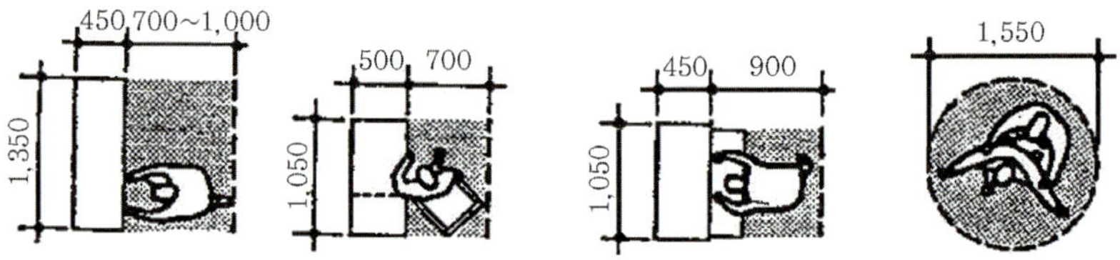

물건을 꺼내거나 책상에서 일어서거나 서류를 꺼내거나 코트를 입는 행위도 스케일과 관련이 있다.

4-5 모듈(Module)

1. 모듈(Module)의 의미

건축물 설계나 디자인에서 일정한 반복이 이루어지면서 하나의 기준이 되는 치수가 있다. 이것이 '모듈'이다. 인간이 사용하는 모든 물품과 생산품은 세계적으로 어떠한 일정한 치수가 반복되거나 조합되어서 그 크기가 정해진다고 볼 수 있다. 이러한 반복되는 기준으로 삼는 치수를 모듈이라고 한다.

이러한 모듈에 관련된 척도를 사용했다는 근거를 역사적으로 찾아볼 수 있다. 즉 고대 그리스에서는 기둥의 직경을 기준치수로 하였다. 이 기둥의 기준치수를 기준으로 건물의 길이와 높이를 정했는데, 이를 그들은 '모듈러스(Modulus)'라고 하였다.

또한 근대에 들어서 모듈을 사용한 경우를 보면 1차대전 이후 유럽에서는 심각한 주택난에 따라 조립식 주택을 모듈로 해결하고자 하였다.

그리스의 기둥은 그 기둥의 직경과 높이 등이 상관관계를 가지고 있어서 모듈을 사용했다는 증거이다.

스웨덴의 Erick Friberger은 주택을 설계하면서 목조조립주택을 이용하였으며, 미국의 A. F. Bemis은 4인치 입방체의 조립용 콘크리트 패널(Precast Concrete Panel)을 이용하여 주택을 건축하였다. 또한 독일의 Marcel Breuer은 금속주택을 계획함으로써 유기적인 치수 연계성을 추구하려 하였고, Buckminster Fuller의 다이내믹 주택(The Dymaxion House)을 제안하였다. 이러한 고대부터 근대의 모듈에 관한 연구 및 시도는 오늘날 MC의 바탕이 됨으로써 이후에 많은 건축가들에 의한 새롭고 과학적인 모듈적 제안이 나타나게 되었다. 이 모듈은 R. Neutra의 4ft×8ft의 합판을 기준으로 복도폭을 4ft, 천장높이를 8ft의 주거를 제안한 경우와 F. L. Wright의 한 변이 4ft인 3각 격자평면을 제안하고, 120°의 각도를 사용하였다. 또한 Mies van de Rohe는 24ft×24ft×12ft 등의 모듈을 제안하였다.

이와 같이 근대의 모듈과 고전에 사용되었던 모듈과의 차이점은 고전의 모듈은 디자인 본질적 의미에 치중한 반면, 근대의 모듈은 설계·생산상의 편의성과 기능성을 위한 기준이었다는 점이다. 다른 의미에서의 차이점은 고전의 모듈은 메커니즘보다 인간성이나 인간의 척도를 보다 존중하였으며, 근대의 모듈은 인간성보다 생산성이나 기능성을 더욱 중시하였다. 따라서 인간성을 중시하는 휴머니스트, 즉 인간척도를 추구하고 중시하는 건축가 중에 “모듈은 설계의 자유와 창조성을 손상한다.”라는 주장할 경우도 있다.

2. 르 모듈러(Le Modulor)

르 코르뷔지에(Le Corbusier)는 르 모듈러(Le Modulor)를 제창하여 모든 공예 및 건축에 사용하였다. 특히 코르뷔지에의 르 모듈러는 인간척도를 기본으로 하여 미적 비례를 추구하는 고전적 개념에 입각한 것이다. 이에 따라 바로 치수값으로 사용한다거나 무리수 등의 어림값으로 사용하기 어려운 부분이 있다. 그러나 오늘날의 모듈에서 불가결한 사항인 등비성, 가산성을 갖고 있으며, 이후에 발표된 수많은 제안들의 기초가 되고 있다.

르 코르뷔지에가 제안한 Modular는 인간이 팔을 쳐들었을 때의 높이를 배꼽높이의 2배로 하며, 인간의 신장을 1,892mm로 하고 배꼽의 높이를 황금분할에 의해 구하면 1,130mm로 한다는 것이다. 또한 팔을 들었을 때의 높이는 2,260mm가 되는데, 이는 황금비에 의해 1,829mm를 전개시킨 적색계열과 2,260mm를 전개한 청색계열(적색계열의 2배 수열로 정함)을 만든다. 즉 인간의 기준 신장을 1,829mm로 하고, 이 수를 기본으로 해서 황금비로 전개한 수열과 이 수열의 각 항의 배수인 수열이 응용되어 성립된다.

르 코르뷔지에(1887~1965)
자화상

마르세유, 위니테 주거, 1947~57,
Modular를 적용하여 설계한 예.

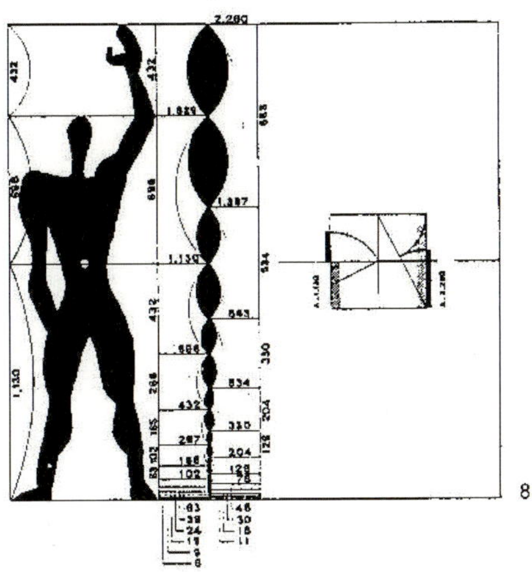

르 코르뷔지에의 모듈러는 청색계열과 적색계열로 이루어지며 황금비를 이용하여 제시하였다.

따라서 인체 및 사람의 동작에 기초를 둔 아름다운 등비적 수치배열(피보나치급수에 근사)과 적색·청색의 배수 관계를 취하는 동시에 등비수열과 등차적인 성질을 지니고 있고, 13세기 수학자인 피보나치의 치수와 황금비율을 근거로 한 휴먼스케일을 응용 · 혼합한 것이다.

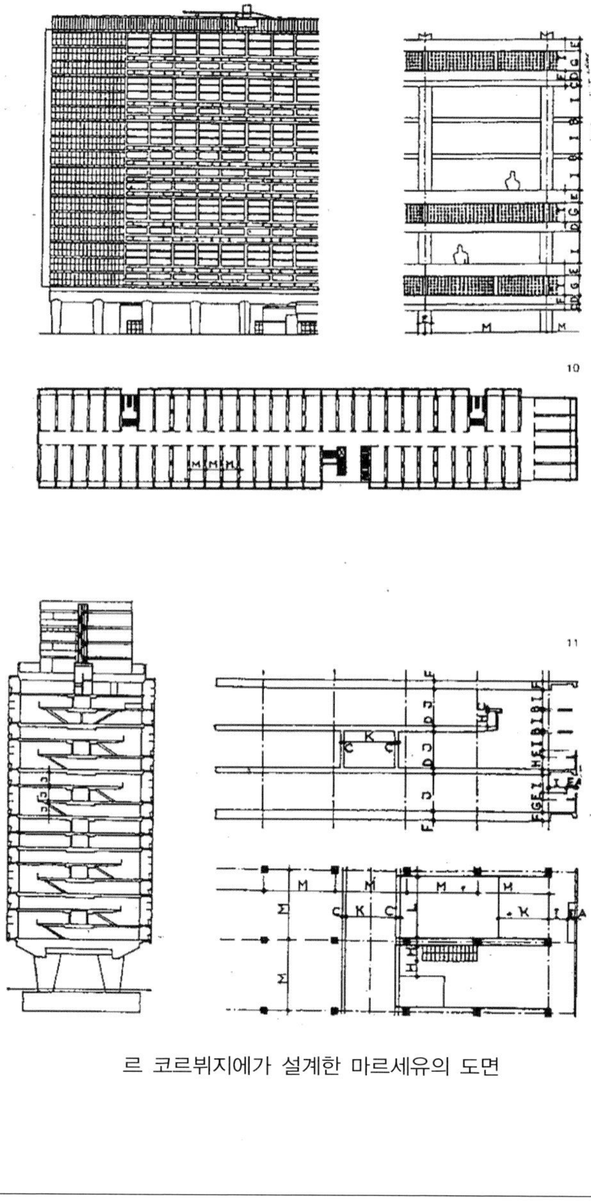

르 코르뷔지에가 설계한 마르세유의 도면

3. 모듈의 조화(Modular Coordination, MC)

모듈에서 나타난 기준치수와 모듈러척도를 사용하여 계획의 용이성, 시공의 용이성, 경제성을 부여하고 미적인 질서를 이루는 것을 모듈의 조화(Modular Coordination. MC)라고 한다.

이렇게 단위치수를 체계화하여 관리하는 목적은 생산성 향상에 있으며, 국제표준기구 ISO가 설립되어 그 기준을 각국에서 채택하고 있다. ISO 기준은 다음 사항을 취급한다. 계획, 건설 및 조립시의 건축이나 그 부분의 질서화를 위한 관련시스템이 이루어지는 것이다.

모듈의 활용에 따른 MC(Modular-Coordination)는 건축의 재료, 부품, 설계, 시공 등 건축 전반에 걸쳐 치수상 유기적인 연계성을 형성한다. 건축공간을 구성하는 각 부분의 치수가 시공상 합당하며, 인간이 이를 이용 시 적당하도록 치수계획을 하는 동시에 건축 재료에 대해서도 단위치수를 적용함으로써 낭비를 줄이고 마무리가 잘 이루어지도록 하기 위함이다. 따라서 단위치수체계를 통하여 의도한 계획과 생산체계가 일치되도록 연결시켜 주는 합리적인 시스템이다. 이러한 MC체계를 사용함으로써 여러 가지 장점을 가지게 된다. 설계작업이 단순화되어 노력의 낭비를 피할 수 있다는 점과 건축제품의 생산이 용이해지고, 생산비용이 낮아질 수 있다는 점을 우선적으로 꼽을 수 있다. 또한 건축 재료의 수송이나 취급이 편리해지며, 현장작업이 단순해지고 공기가 단축된다는 점이다. 그리고 국제적 MC를 사용하면 건축구성재의 국제교역이 용이하게 될 뿐만 아니라 동일한 형태로 인한 비례감과 질서를 느낄 수 있다. 그러나 단점으로는 건축의 계획, 설계에 따른 건축공간이나 형태의 획일화와 개성을 상실할 수 있다는 점이다. 이에 따라 동일한 형태가 집단을 이루는 경우에는 단조롭고 단순한 형태에 유의하여 재료 사용이나 배색에 신경을 기울여야 한다.

Chapter 5_ 건축설계

5-1 건축 프로세스(Process)

5-2 건축설계 과정

5-3 실내설계

5-1 건축 프로세스(Process)

1) 계획 & 설계 행위

우리나라 건축법에 따르면 "건축이라 함은 건축물을 신축, 증축, 개축, 재축 또는 이전하는 것을 말한다."고 되어 있다. 여기서 건축은 건축물을 건립하는 행위의 구분이다. 일반적으로 건축물을 건립하는 과정은 그 건축물에 대한 구상을 하여 그림이나 도면 모델 등으로 표현하는 행위와 그 구상한 계획안을 실제로 건축물로 만들어내는 구현의 행위로 크게 나눌 수 있다. 이렇게 구상하고 계획하는 단계를 설계(Design)라고 한다면 실제 건축물을 건립하는 행위는 건설 또는 시공(Construction)이라 할 수 있다.

설계는 기획 · 계획 · 기본설계와 실시설계로 분리되는데, 기본(Design, Schematic Design)설계는 기본적인 설계도면을, 실시 또는 본설계(Enginnering Drawings)는 실시설계도면이나 시공도면을 작성하는 행위이다. 과정중에 기획(Feasibility study)은 기획설계, 계획(Planning, Schematic Planning)이라 함은 계획설계, 계획도면을 작성하는 행위라고 할 수 있다. 그리고 시공(Construction) 과정에서 원래 설계한 의도대로 도면에 의한 공사가 제대로 시행되고 있는지를 점검하고 감시하여 시정하는 행위인 감리(Supervision) 과정이 있다.

이러한 다양한 행위를 하는 사람을 각각 계획자, 설계자, 시공자라고 하는데, 계획자에는 건축계획자, 도시계획자, 조경계획자 등으로 지칭되고 있다. 설계자는 건축설계자, 도시설계자, 조경설계자, 실내디자이너, 구조설계자 등이 해당된다. 시공자에는 기술자가 있는데 여기에는 구조기술자, 건축기술자, 기계기술자, 전기기술자, 토목기술자, 음향기술자 등의 구분이 있다.

2) 건축의 방식

① 분리건축방식

이 방법은 전통적인 방식(Traditional식)이라고 할 수 있는데, 건축주(Client)는 건축가(Architect)를 고용하고 또 건축가는 기술자를 고용하여 건축을 진행하게 된다. 건축주는 경쟁입찰 등을 통해 시공자를 선정하고, 시공자는 하청자를 선정하고, 건축가는 시공자와 하청자의 작업을 감독하지만 임금은 건축주를 통해 기술자에게 지불하는 방식이다.

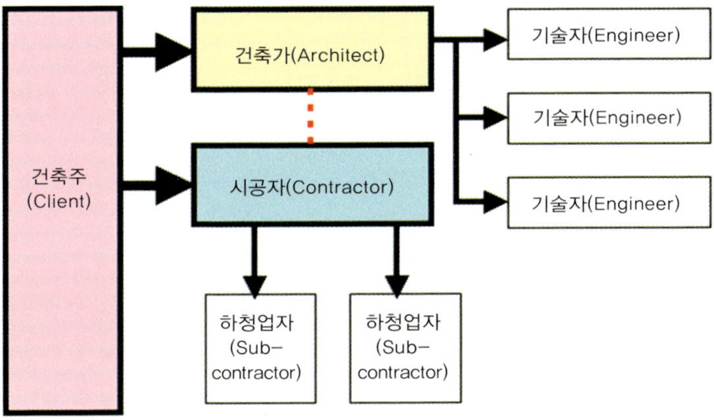

분리건축방식의 관계

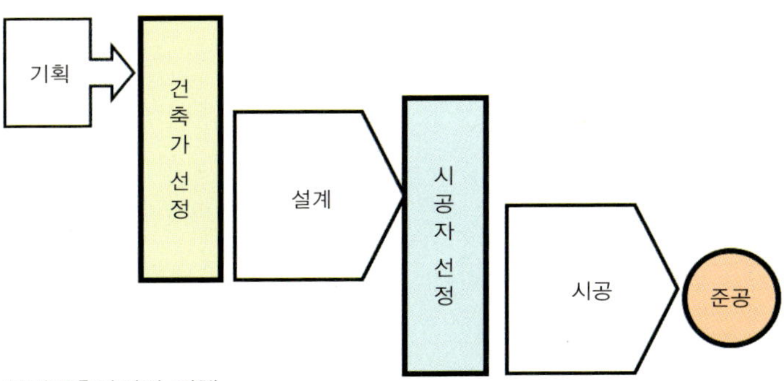

분리건축방식의 진행

② 일괄건축방식

시공자가 설계 · 시공하는 방식(Turn Key식)으로 건축주는 예비설계 및 시방서에 입각하여 설계 및 시공할 시공자를 고용하고, 시공자는 그들의 회사원 혹은 전문위원으로서 건축가를 고용하는 등 3단계로 이루어진다.

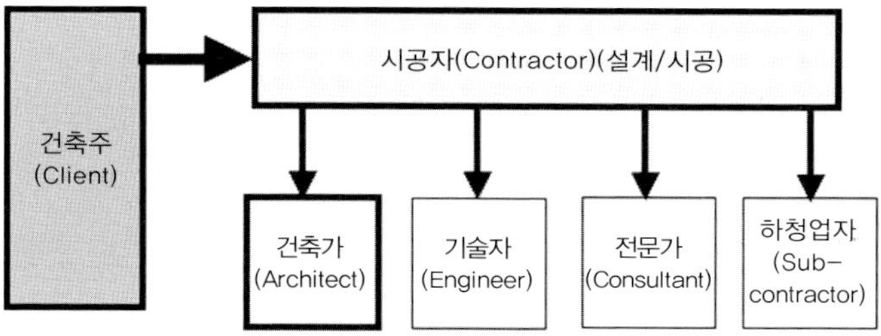

일괄건축방식의 관계

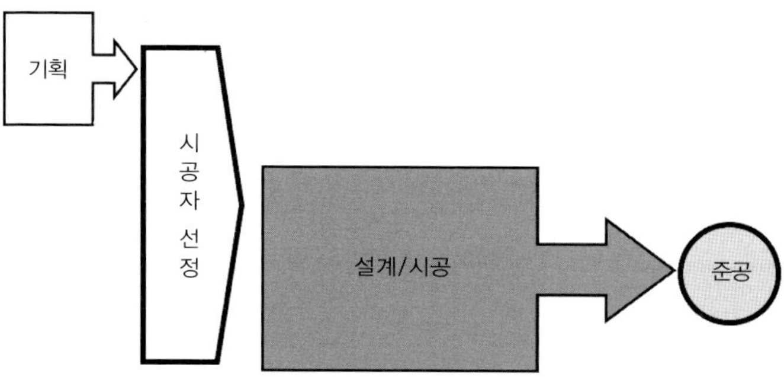

일괄건축방식의 진행

③ 공정관리방식(CM식)

설계+시공방식이라고 한다. 건축주 또는 건축주의 전문위원이 공사를 강력하게 통제하여 건설관리자(Construction Manager, CM)를 선임하고 그는 전체 건축과정의 관리와 설계단계에서 건설공사비와 공정계획에 관한 정보를 건축가에게 제공해주는 책임자로서의 역할을 한다.

3) 건축의 당사자들

건축설계를 하고, 건축물을 시공하고, 그 건축물을 사용하는 측면에서 본다면 하나의 건축물이 이루어지기 위하여 세 분야의 관계자들이 있어야 한다. 건축물의 주인인 경우가 많은 건축주로서 공공인 경우와 개인인 경우가 있으며, 시공자는 건설회사, 건축회사, 시공회사, 개인 건설자 등이 있으며, 건축설계를 맡는 사람+회사인 건축가 또는 설계회사가 있다.

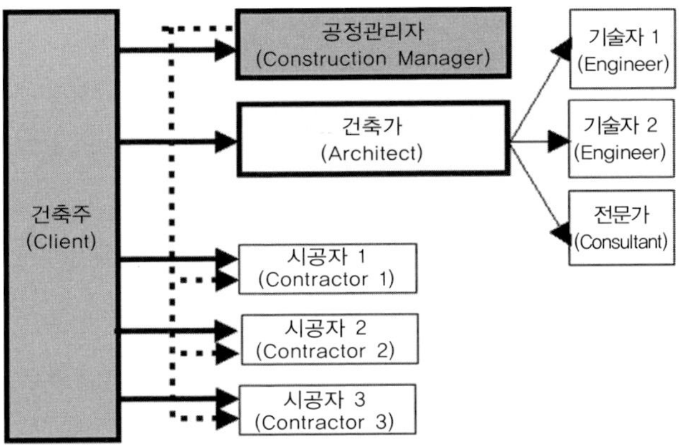

공정관리방식의 관계

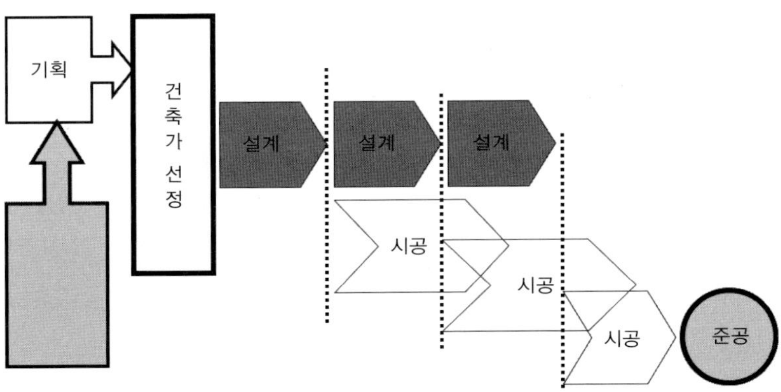

공정관리방식 진행

이외에도 건축물을 완성하기 위해서는 전문적 지식과 기술을 제공하는 전문가, 그 건물을 실제로 사용할 공공사용자나 개인사용자, 관청의 전문 건축공무원, 건설의 특수 분야에 대한 기술과 시공을 맡는 전문시공자, 각 공정별 전문기술자, 분야별 전문 시공자인 하청시공업자 등이 서로 협력하여야 한다.

5-2 건축설계 과정

1) 계획과 설계

계획(Planning)이란 어떤 목표와 방향을 정립하며, 그것을 달성하기 위한 기본적인 개념이라고 한다면, 설계(Design)란 계획안을 기본으로 물리적이고 구체적으로 디자인하고 처리하는 단계라고 하겠다. 현대에는 계획을 하는 사람과 설계를 전문으로 하는 사람이 구분되고 있다.

기능(Function), 구조(Structure), 미(Aesthetic)를 종합하는 설계(Design)를 위해서 그 기본목표와 방향을 제시해 주며 이론적으로 정리하는 것이 계획이다. 계획에는 공간규모계획, 동선계획, 환경계획, 의장계획 등이 있고, 충분한 계획을 세워서 다음 단계인 설계로 넘어간다.

① 공간규모계획(Space Program)

소요공간에 따른 공간의 척도나 규모를 정하는 일이다. 적정시설규모(Optimum Space)를 결정하기 위하여 면밀히 조사·분석한 자료로 만들어내는데 전체 건축물의 규모와 각 소요되는 공간의 유형과 필요 크기를 정하는 것이다.

② **동선계획**(Functonal Circulation Planning)

동선계획은 건축물 내의 각 실이나 공간의 기능을 원활하게 연결시켜 주어 인간의 활동을 편리하게 해주는 역할을 한다. 건축공간에서 동선을 위한 공간은 공용 또는 서비스공간이 된다. 동선은 수평방향과 수직방향 등 크게 두 가지로 나눌 수 있는데, 계단·복도, 승강기나 에스컬레이터와 특수 이용자들의 편의를 위한 경사로 등이 있다. 동선은 실의 상호관계의 유기성에 의해 정해지며 가까울수록 연결성이 좋다. 동선계획은 이용자의 규모에 알맞는 수량, 치수, 용량, 위치 등을 결정해 주는 일이며, 단절되어서는 안 되고, 연결이 원활한 것이 좋다.

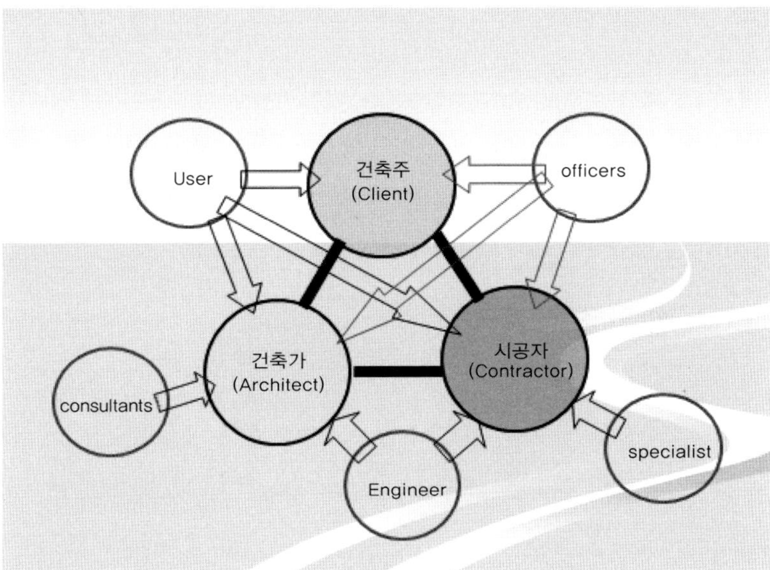

건축의 세 당사자(Client Architect & Contractor)

③ **환경계획**(Environmental Planning)

건축물의 내 · 외부 환경이 인간에게 적절하여야 한다. 대지, 건물 요소를 충분히 파악하여 해결안을 계획에 반영시키고, 사용자에게 필요한 공간과 용도에 맞는 적당한 규모의 공간이 형성되었다고 해도 질적으로 좋은 공간을 만들기 위한 공기, 열, 음향, 빛, 색채 등 여러 요소들이 만족되는 계획을 한다.

④ **의장계획**(Aesthetic Design Program)

조형의장문제는 건축을 만들어내는데 있어 매우 중요하다. 의장에 대한 영역은 매우 감각적인 것이어서 설계자의 주관에 좌우되는 경우가 많으나 구성원리나 요소를 객관화할 수 있는 측면에서 접근하도록 한다. 인간생활의 심리적 측면과 공간의 대응을 객관적으로 파악하는 것이 좋다.

따라서 계획(planning)은 "문제를 찾는 일(problem seeking)"이라고 하며, 설계(design)는 "문제를 푸는 일(problem solving)"이라고 할 수 있다.

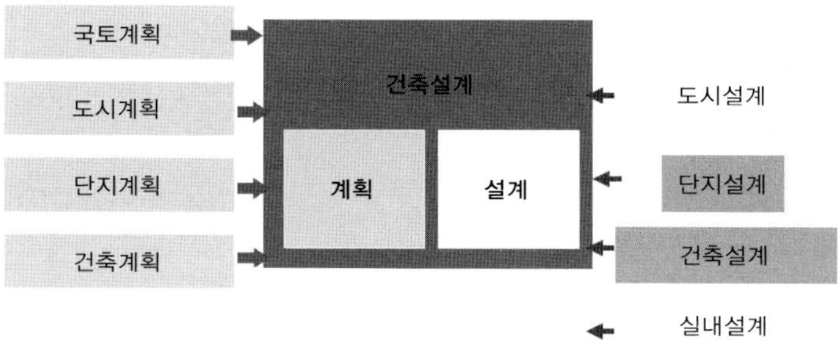

계획과 설계는 큰 의미로 보면 설계라고 할 수 있다.

2) 건축설계의 구분

① **계획설계**(Schematic Design & Plan)

목적과 기본 프로그램의 요구조건을 충족시키기 위한 규모, 배치, 예산 등의 일반적 특질을 정립하여 각 공간의 크기와 구성, 동선계획, 배치계획 및 건물의 일반적 이미지에 대한 최초의 의사결정을 내리는 역할을 하게 된다. 약식 스케치, 간단한 보고서, 인상적인 시각적 표현을 하게 된다.

헬무트 얀(Helmut Jahn)처럼 평면을 포함한 구체적인 것들을 상세하게 나타내기도 한다.

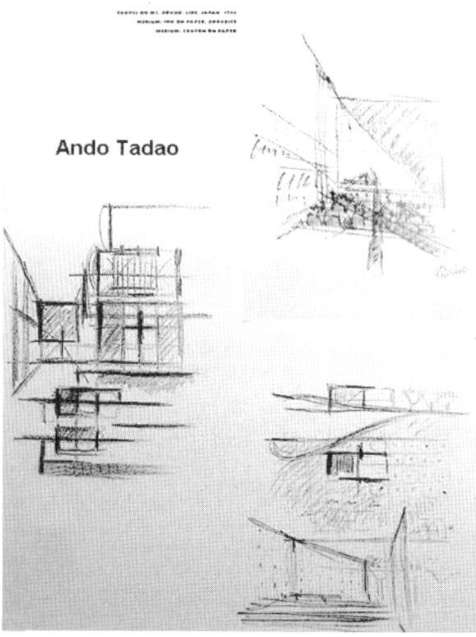

안도 다다오의 초기 sketch.
개념을 정리하는 단계를 계획설계라고 할 수 있다.

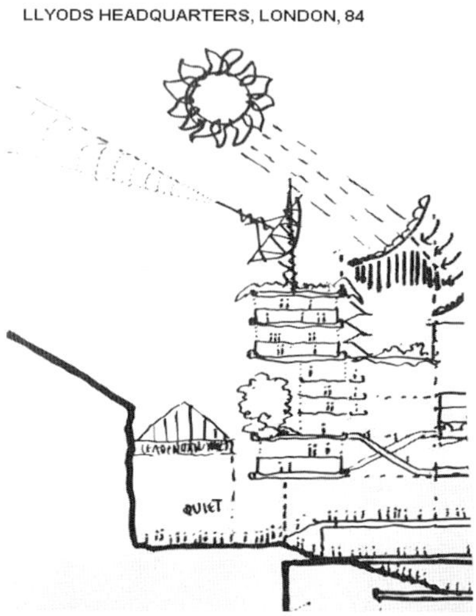

리처드 로저스(Richard Rogers) Sketch.
초기에 단면에 대한 생각을 정리한 것이다.

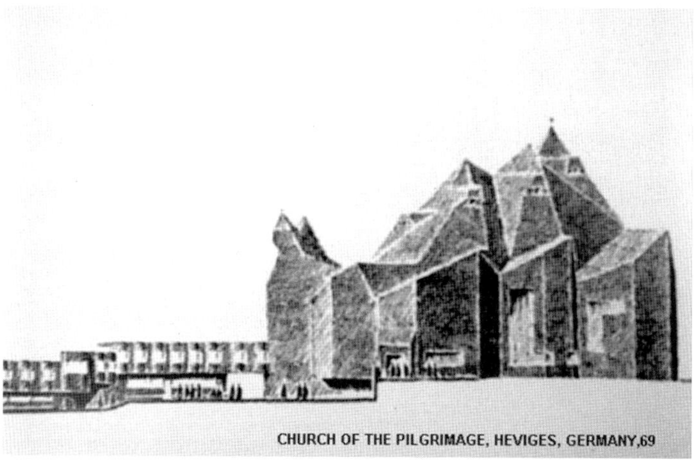

고트프리드 뵘(Gottfried Boehm), 초기 단계이지만 스케치가 구체적인 조형을 표현하고 있는 경우도 있다.

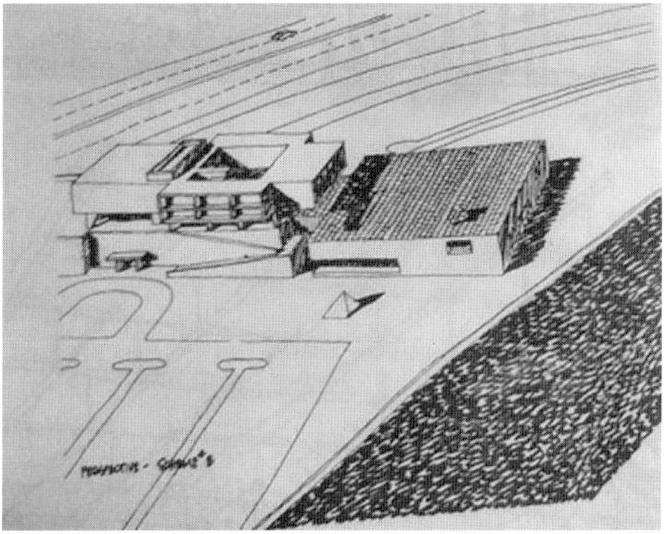

계획설계의 예 : 전체 건축물의 형태를 간략하게 표현한다.
(단면 및 투시도 스케치)

계획설계의 예 : 간단히 모델을 만들어 아이디어를 알 수 있게 한다.

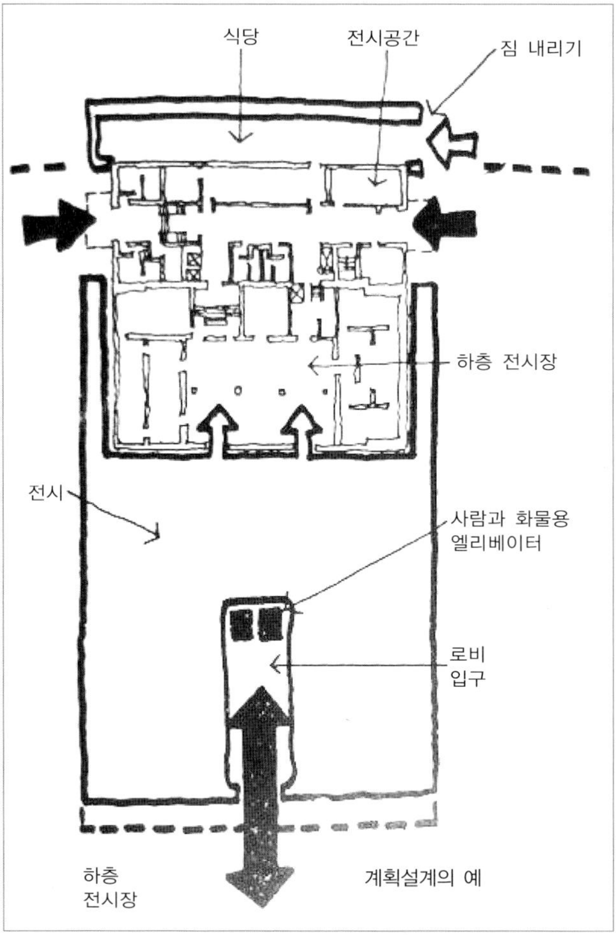

계획설계의 예 : 간략한 평면도를 Free Hand로 작성한다.

② **기본설계**(Preliminary Design & Plan)

전체 프로젝트의 특수성과 의도를 표현하며 배치도, 평면도, 입면도, 단면도 등의 도면과 건물의 기계설비, 전기설비, 추정 건축비에 대한 정밀한 설명서를 포함하게 된다. 이는 설계의 핵심이라고도 할 수 있다. 모든 결정은 이 과정에서 이루어지고 건축설계자의 의도와 건축주간의 이해와 요구가 합치되어야 한다.

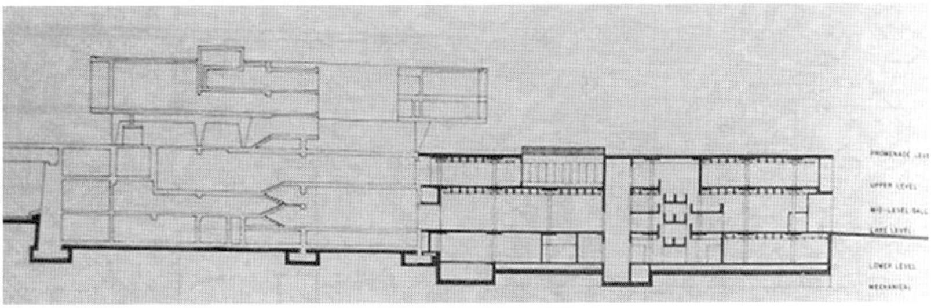

기본설계의 예 : 단면도의 경우에도 정확한 치수계획을 마련한다.

기본설계의 표현 : 구조방식이나 재료 등에 대한 보다 구체적인 것이 진행된다.

기본설계의 예 : 계획설계보다 상세한 표현과 정확한 형태가 결정된다.

③ **실시설계**(Execution Drawings)

시공자가 응찰하고 시공하기 위해 알아야 할 정보를 명확하고 간결하게 보여주어야 하며, 실시설계도면은 재료와 수량을 명확히 산출할 수 있어야 하고, 시방서와 여러 가지 계산서, 내역서 등이 만들어진다.

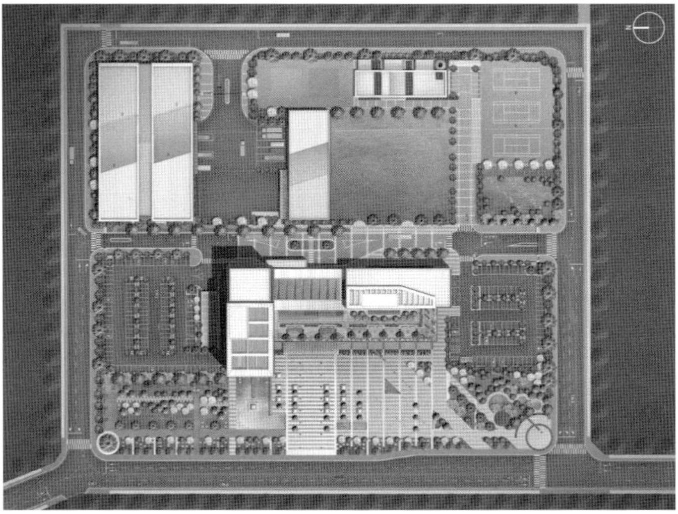

실시설계 배치도의 예 : 설명하기 위한 채색된 행태로 도면을 작성하기도 한다.

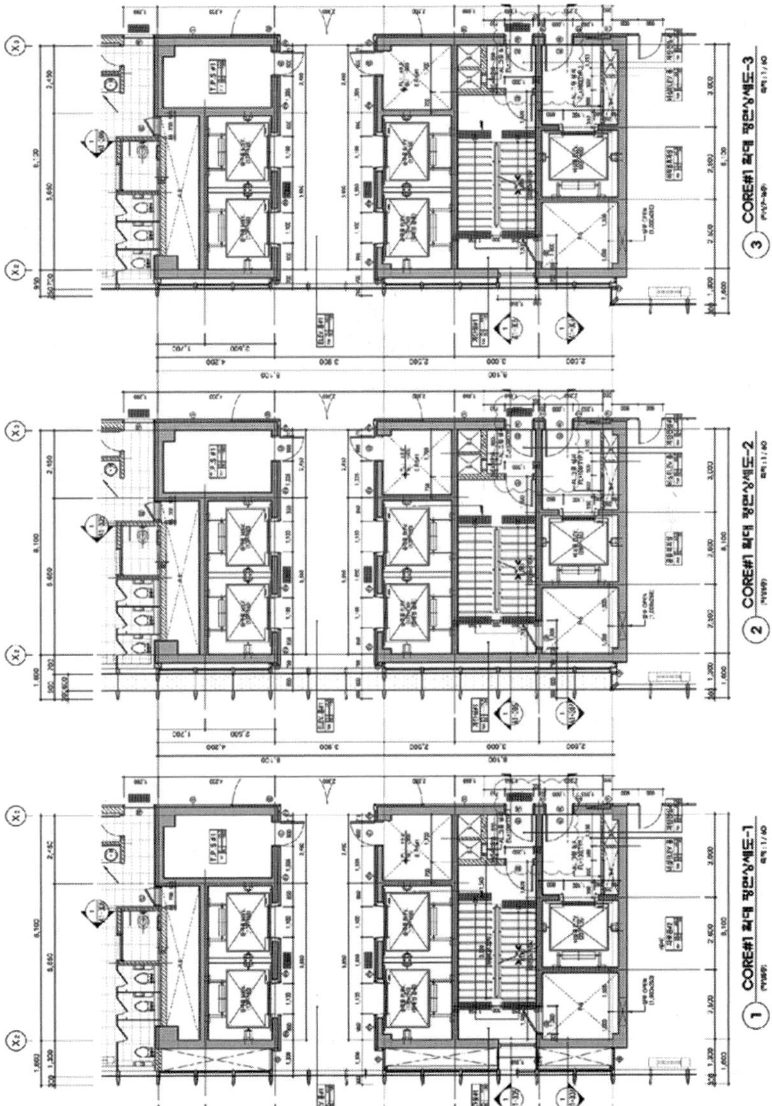

실시설계의 예 : 화장실 계단 엘리베이터 등의 확대 상세 평면도

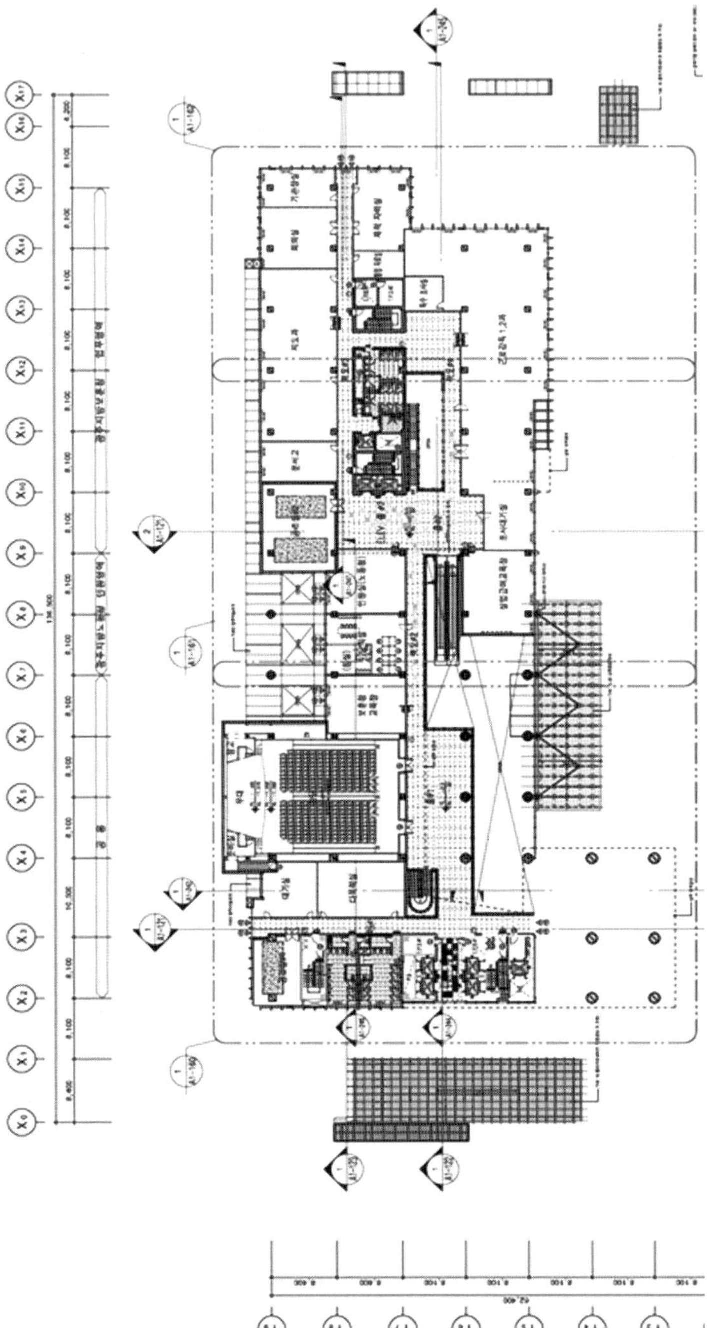

실시설계도면의 예 : 평면도의 각 부분에는 상세한 도면을 안내하는 화살표 등도 표시하고 각 부분의 확대 상세도도 그린다.

실시설계의 예 : 투시도를 사실감 있게 작성하기 위해 사진 몽타주를 하기도 한다.

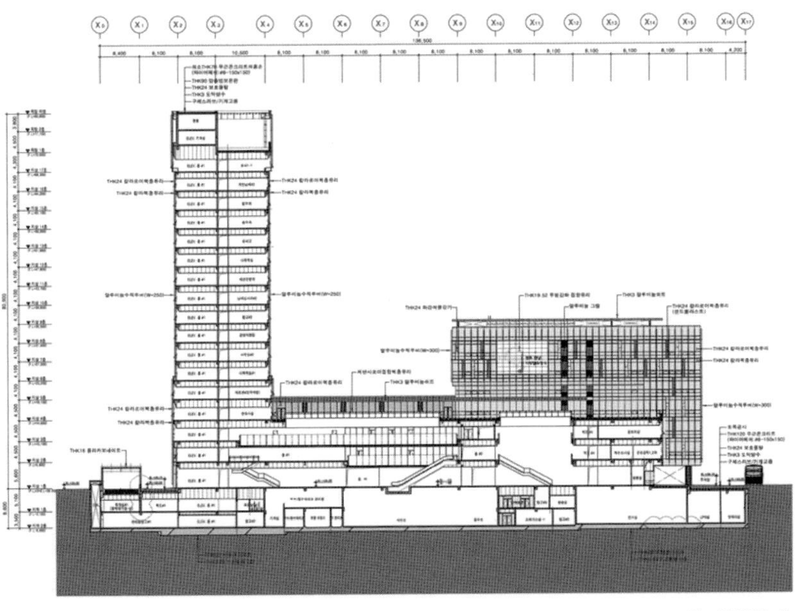

실시설계의 예 : 단면도인 경우 전체를 알 수 있게 상세히 그린다.

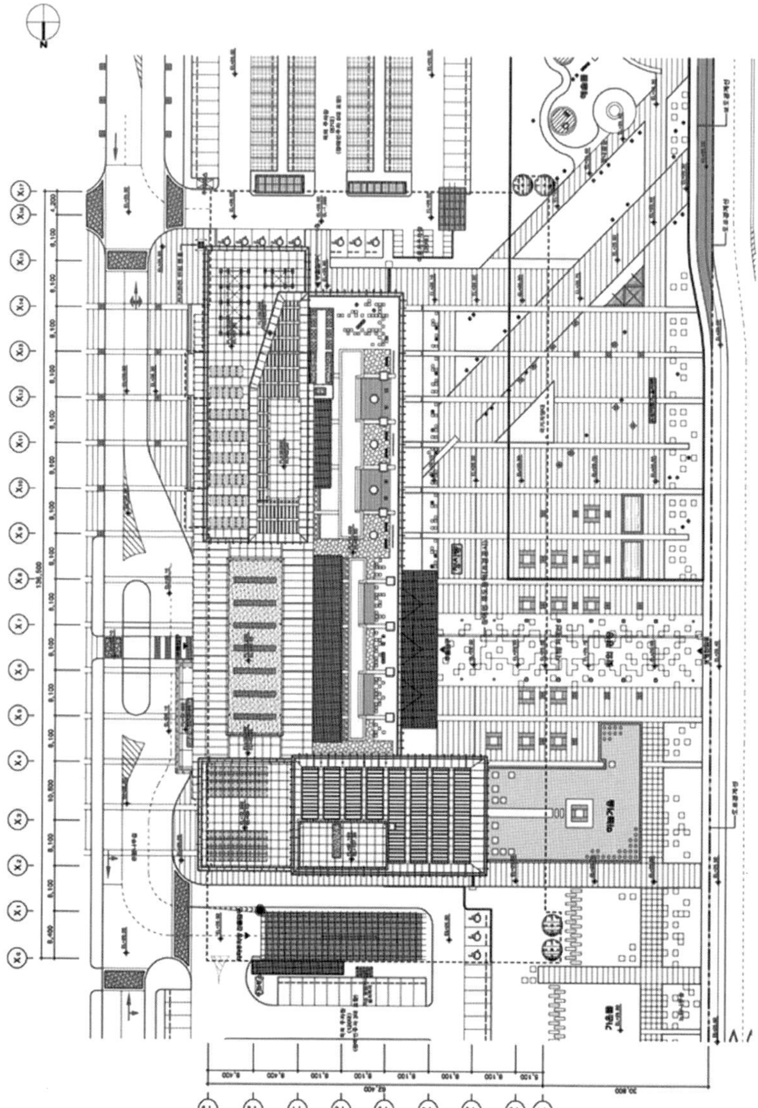

실시설계 배치도면의 작성 예 : 정확하고 세밀한 도면을 작성하여 시공에 어려움이 없어야 한다.

3) 공사를 위한 과정

① 입찰 및 계약(Tender & Contract)

실시설계도서가 제공되어 이를 건설하려고 하는 사람이나 회사에서 검토하고 적절한 협의와 과정을 거쳐서 건축주와 계약하게 된다.

② 감리 및 준공(Supervision & Completion)

관례적으로 시공의 모든 부분을 감독하고, 건물이 도면과 시방서대로 시공되고 있는지 확인할 책임이 감리자에게 있다.

5-3 실내설계

1) 실내설계의 개념

'실내설계' 에 관한 개념은 최근에 다양화되고 있으며, 각종 매체를 통해 전파되고, 대중의 관심도 아울러 높아지고 있다. 실내디자인이란, 건물의 내부공간을 생활목적에 따라 이용하기 쉽고, 안락한 분위기의 공간이 되도록 설계하는 것이다. 생활목적에 따른 안락한 생활공간을 만들기 위해서는 동선, 이용빈도, 공간규모, 기능별 요구 등을 먼저 계획한 다음, 그 공간에 실제로 사람이 생활할 수 있도록 바닥·벽·천장의 구조, 가구·조명·기타 장식재 등의 실내디자인적 요소를 고려하여 설계하는 것이다.

2) 실내설계의 영역

진정한 의미의 실내설계 영역은 건축의 벽과 천장, 바닥으로 이루어져 둘러싸인 공간이어야 한다. 사회적 욕구의 단순한 실내설계라 하여도 도시가로와의 연계성, 건물 진입 시 효과, 건물 전체의 매스

(mass)와 형태 등의 전반적인 문제도 아울러 고려해야 한다. 또한 실내설계의 대상공간은 주거공간을 비롯하여 호텔, 사무소, 학교, 도서관, 미술관, 병원, 레스토랑, 상점에 이르기까지 더 나아가 자동차, 항공기, 선박 등에도 해당되므로 폭넓은 범위에 걸쳐 있다.

3) 환경행태

실내설계에 있어서 인지적 접근은 경험과 형태를 평가하는 중요한 접근방법이며, 이는 주어진 실내설계의 구성요소에 물리적 · 사회적 · 심리적 경향의 복잡한 상호작용으로 나타난다. 환경행태 디자인을 통해 공간영역을 구성하는 물리적 환경과 인간행태의 형성과정 및 변화에 대한 문제를 물리적 접근뿐만 아니라 심리적 · 사회적 현상과 더불어 다면적인 접근방법에 의해 해결해 나가야 한다. 즉 바람직한 실내환경을 형성하기 위해서는 먼저 인간과 환경 사이의 상호작용을 통하여 형성된 실존적 공간에서 인간 개체 및 집단이 사용하는 현상구조를 분석한 공간성을 파악해야 한다.

4) 인간공학

기계 산업화의 발달로 인해 점점 인간은 보다 편리하고 나은 생활을 영위하게 되었고, 인간의 능력도 향상되었다. 그러나 인간과 기계와의 사이에는 갭(gap)이 점점 커져가고 재해의 위험도 이에 비례하여 커졌기 때문에 인간의 능력에 적합하고 기계보다 인간본위(人間本位)의 설계에 중점을 두고자 하는 새로운 시도가 대두되었다. 이것이 바로 인간공학인데, 인간공학이란 인간의 작업능력과 그 한계를 인식

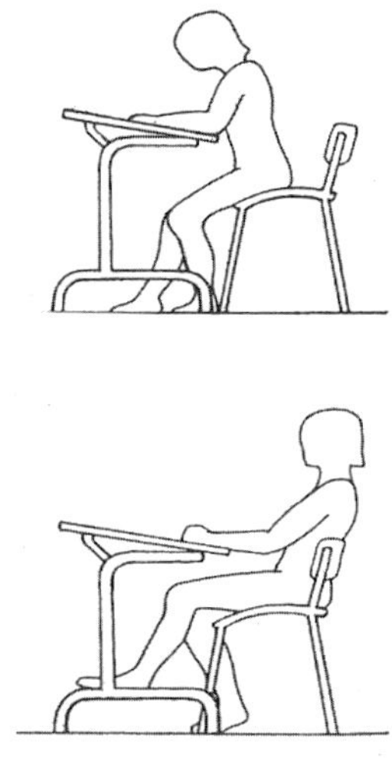

인체공학이 적용된 책걸상

하고, 인간의 해부학적·생리학적·심리학적인 다양성에 일을 적합 시켜 나가는 과학으로 인간이 안전하고 효율적으로 인공물들을 사용할 수 있게 디자인하고 인간의 삶과 작업에 적당한 환경을 조성하는 일이다.

5) 감성공학

감성공학이란 제품이나 환경에 대한 소비자의 요구를 객관적이고 과학적으로 추정하여 이를 제품이나 환경설계에 응용하고 구현하는 기술을 말한다. 감성공학과 기존 인간공학의 근본적인 차이는 제품이나 환경에 대한 인간의 정서적 충족과 물리적 편리성에 있다. 따라서 제품이나 환경 자극에 대한 인간의 쾌락성을 심리적 또는 시청각 등의 반응을 측정 및 평가하여 인간이 어떠한 조건하에서 고급감, 쾌적감을 느끼게 되는가를 측정하고 평가하는 것이 감성공학기술의 핵심이다.

6) 유니버설 디자인

유니버설 디자인은 1970년대 중반에 "장애인"을 위한 특수 공간과 시설에 따르는 부가적인 비용과 문제점을 줄이고자 하는 상식적인 생각에서 처음 발현되었다. 이러한 특수 시설물이 장애인은 물론이고, 그 이외의 사람들에게 보다 더 유용한 것으로 드러났다. 따라서 이러한 유용한 특성들을 모든 사람이 매력적으로 받아들이고, 시장성 있게 활용할 뿐만 아니라, 실내디자이너들이 당연한 그들의 책임으로 받아들이도록 하는 것이 합리적이라 할 수 있다. 폭넓은 의미에서 유니버설 디자인은 "모든 사람을 위한 디자인"이라 할 수 있다.

7) 그린디자인

1970년대 초 석유파동을 계기로 서구사회의 고도경제성장에 대한 한계를 인식하면서 새로운 건축적 대안으로 환경친화적 건축 성향이 나타나게 되었다. 이로써 그린디자인, 환경친화형 건축, 생태건축 등의 용어가 부각되었고, 현대의 환경친화적 건축 경향은 자연에 대한 향수에서 출발한 일시적 현상이 아니라 극단적 기술문명 지향의 현대건축이 야기한 환경문제를 해결하려는 동시대적 대안으로 우루과이 라운드, 동경선언 등 전 세계적으로 탄소가스 감축 등으로 협력해 나가고 있다.

ACROS-일본 후쿠오카

Chapter 6_ 건축구조 및 시공

6-1 구조시스템

1. 구조의 분류

1) 구조부재의 구성 재료에 의한 분류

구조부재의 구성 재료에 따라 분류하면, 목구조, 벽돌구조, 시멘트 블록구조, 철근콘크리트구조, 철골구조로 분류된다.

목구조는 목재를 접합 · 연결하여 건물의 뼈대를 구성하는 구조로 가볍고 가공이 쉽다.

벽돌구조는 하중을 받는 벽, 즉 내력벽을 벽돌로 쌓아 구성하는 구조이다.

시멘트 블록구조는 시멘트 블록과 모르타르로 내력벽을 쌓아 구성하는 구조이다.

철근콘크리트구조는 거푸집 속에 철근을 조립하고, 그 사이에 콘크리트를 부어 일체식으로 구성한 구조이다.

철골구조는 철로 된 부재(형강, 강판)를 짜맞추어 만든 구조이다.

2) 구조의 시공방식에 의한 분류

구조의 시공방식에 의해 분류하면, 물의 사용 여부에 따라 습식구조, 건식구조로 구분되고, 부재의 제작 과정에 따라 현장구조, 조립구조로 구분된다.

습식구조는 조적식구조, 철근콘크리트구조처럼 구조체 제작에 물이 필요한 구조이다.

건식구조는 목구조, 철골구조처럼 규격화된 부재를 조립 · 시공하는 것으로 물과 부재의 건조를 위한 시간이 필요 없어 공기단축이 가능하다.

현장구조는 구조체 시공을 위한 부재를 현장에서 제작 · 가공 · 조립 · 설치하는 구조이다.

조립구조는 공장에서 부재를 제작 · 가공하고, 현장에서는 조립 · 설치하는 구조이다.

3) 구조의 구성방식에 의한 분류

구조의 구성방식에 의해 분류는 조적식, 가구식, 일체식, 특수구조로 구분된다.

조적식 구조는 벽돌구조, 석구조, 블록구조가 해당되며, 단일재료를 시멘트 등의 교착제를 사용하여 쌓아 구조체를 구성한다.

가구식 구조는 목구조, 철골구조가 해당되며, 선형의 구조 재료를 조립하여 골조를 구성한다.

일체식 구조는 철근콘크리트구조가 해당되며, 전체 구조체를 구성하는 구조부재들을 일체식으로 구성한다.

특수구조는 현수식 구조, 트러스구조, 쉘구조, 막구조, 절판구조가 해당된다.

2. 조적식 구조

조적식 구조란 원자재를 동일 패턴 단위재를 가공하여 접합재를 사용하여 쌓아서 역학적 · 의장적 · 기능적 역할을 만족시키는 구조방식이다.

1) 벽돌구조

벽돌자체의 압축강도가 크므로 구조물 전체가 압축력에는 강하고, 접착제를 사용하여 쌓는 구조체이기 때문에 바람이나 지진 등의 횡력과 잡아당기는 인장력에는 약하다. 접착제는 모르타르로 시멘트와 모래를 일정 비율(1 : 3)로 섞어 물과 혼합한 것이다. 벽돌 사이의 모르타르의 띠를 줄눈이라 하며, 막힌줄눈, 통줄눈, 치장줄눈으로 나뉜다. 벽돌구조체가 인장력이 약하므로 개구부에는 인장력이 생기지 않고 폭을 넓힐 수 있는 아치틀기를 주로 사용한다.

경동교회

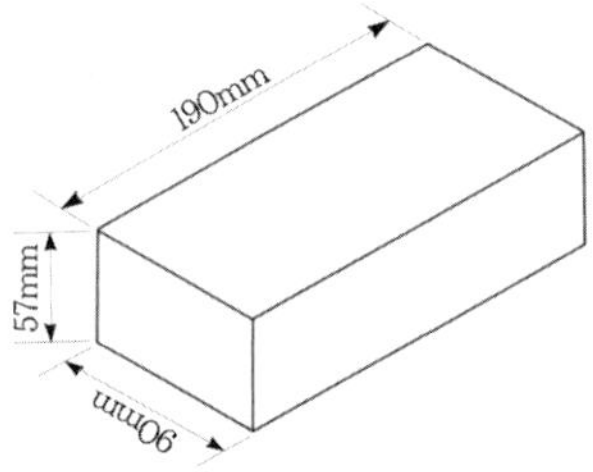

기본벽돌

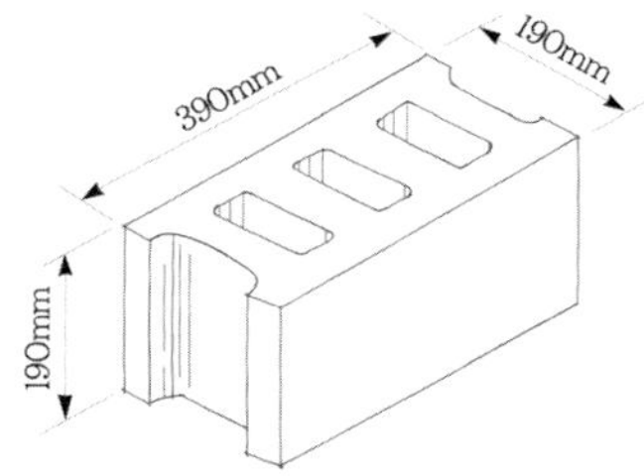

기본 블록

2) 블록구조

콘크리트 블록을 일정 크기로 만들어서 벽돌조와 같이 모르타르를 사용하여 쌓은 구조체로 압축력은 강하지만 횡력에 약한 점을 중공부에 철근이나 콘크리트로 보강하여 사용하기도 한다.

3) 돌구조

돌을 쌓아올려 벽체를 이루는 구조로서 모르타르 접착제를 사용하기도 하고, 건식으로 쌓기도 한다. 석재의 종류에는 화강암, 안산암,

응회암, 사암, 점판암, 대리석 등이 사용된다.

돌설치는 큰 돌의 위치를 정확히 설정하는 것을 말하며, 돌쌓기는 15cm 이상 두께의 돌을 쌓아 상부하중을 지탱할 수 있게 하는 것이다.

돌붙이기는 10cm 미만의 얇은 돌(판돌)을 벽체에 붙이는 것이며, 수평부분에 붙이는 것을 돌깔기라 한다.

돌구조의 표면마무리 종류로는 혹따기, 정다듬, 도드락다듬, 잔다듬, 갈기 및 광내기, 물갈기, 톱켜기, 버너피니시, 플래너피니시 등으로 표면마무리한다.

돌설치

돌 붙이기

3. 가구식 구조

1) 나무구조

건물의 주요 구성재인 뼈대를 나무로 깎아서 짜맞추어 구축한 구조이며, 가구식 구조의 종류로는 이음 · 맞춤구조와 이음 · 맞춤보강구조가 있다. 이음 · 맞춤구조는 이음과 맞춤으로 연결과 접합하는 나무구조이며, 이음 · 맞춤보강구조는 못을 사용하여 접합하는 나무구조이다.

구조재는 큰 응력을 받는 인장재 및 접합부에 사용되며 옹이가 적은 것을 사용한다. 목재의 종류로는 침엽수의 소나무, 삼송, 전나무, 잣나무, 낙엽송이며, 활엽수의 밤나무, 느티나무와 외국산 나왕, 삼목, 미송 등이 사용된다.

수장재(치장재)는 치장용 목재로써 곧은결 목재가 좋다. 침엽수로는 적송, 홍송, 낙엽송이 사용되며, 활엽수는 느티나무, 단풍나무, 박달나무, 참나무, 가래나무와 수입품의 나왕, 티크가 사용된다.

창호재 · 가구재는 수장재보다 더 마디가 없는 곧은결의 기건재를 쓴다. 창호재로는 나왕, 삼복, 전나무, 졸참나무, 느티나무, 뽕나무, 솔나무, 벚나무, 감나무, 티크가 쓰이며, 가구재로는 침엽수, 활엽수, 나왕, 티크, 마호가니, 자단, 흑단 등이 사용된다.

사용되는 목재 부재의 접합은 이음 · 맞춤법이 사용되는데, 이음은 맞댄이음, 겹친이음, 중복이음, 따낸이음(주먹장이음, 메뚜기장이음, 엇걸이이음, 빗걸이이음) 등이 사용되며, 맞춤은 장부맞춤, 맞인장부, 쐐기, 산지, 연귀(마구리에 사용)의 형태가 사용된다.

이음 · 맞춤의 보강법은 못을 사용하며, 못의 종류로는 나사못, 꺾쇠, 볼트, 뒤벨, 교착접합, 띠쇠, 감잡이쇠, 안장쇠 등이 있다.

나무구조의 뼈대에는 지면으로부터 토대, 기둥, 인방, 창대, 꿸대, 층도리, 깔도리, 가새, 버팀대, 귀잡이, 지붕틀(지붕보, 중보, 대공,

동자기둥, 처마도리, 중도리, 종도리, 서까래, 귀서까래, 우미량) 박공(합작지붕의 측면에 있는 처마)으로 구성된다.

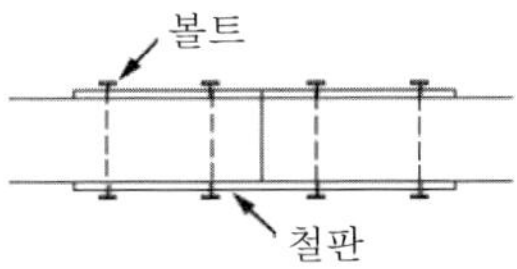

맞댄이음

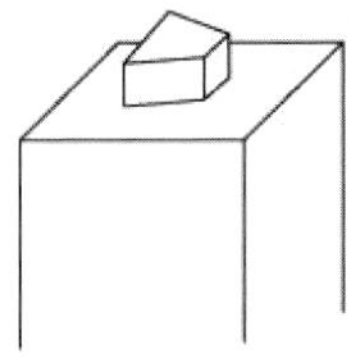
맞춤

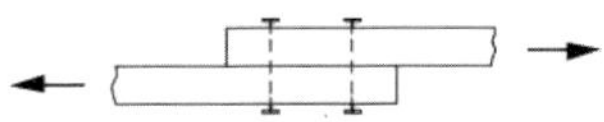
겹친이음

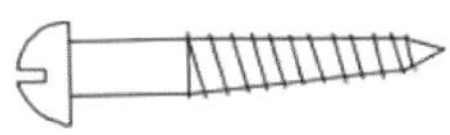
둥근머리 나사못

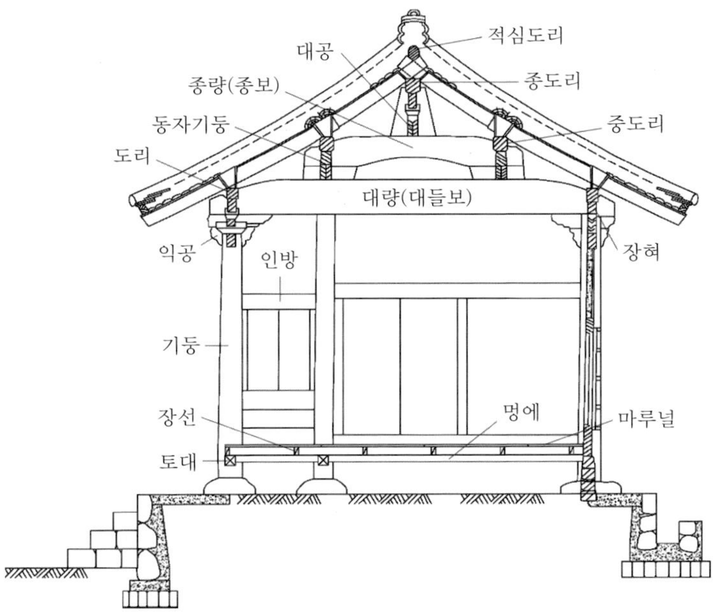

나무구조의 뼈대

2) 철골구조

철골구조는 건물의 뼈대를 강재 및 각종 형강을 볼트, 고력볼트, 용접 등의 접합방법으로 조립하거나 단일형강을 사용하여 구성하는 구조를 말하며, 강구조라고도 한다.

철골구조의 장점은 강도가 커서 구조체의 자중을 가볍게 할 수 있으며, 큰 스팬의 구조물이나 고층 구조물에 적합하지만 열에 대하여 약하며, 고온에서 강도저하나 변형되기 쉽고, 일반적 강재는 녹슬기 쉬운 것이 단점이다.

철골구조 접합에는 용접접합, 볼트접합, 리벳접합이 사용된다. 용접접합은 부재의 원소끼리 접합하는 방식으로 접합방식 중에서 가장 신뢰성 있는 방법으로써 용접부위 부식 및 작업자의 숙련도에 따라 품질상태가 달라진다. 용접 후 검사방법으로는 비파괴시험(초음파 및 방사선 등)이 있다.

볼트접합은 볼트를 조이는 것만으로 접합이 가능하므로 시공이 간단하다. 진동, 충격 또는 반복하중을 받으면 접합부에 큰 변형이 생기게 되고 볼트가 느슨해져서 너트가 풀리는 원인이 된다.

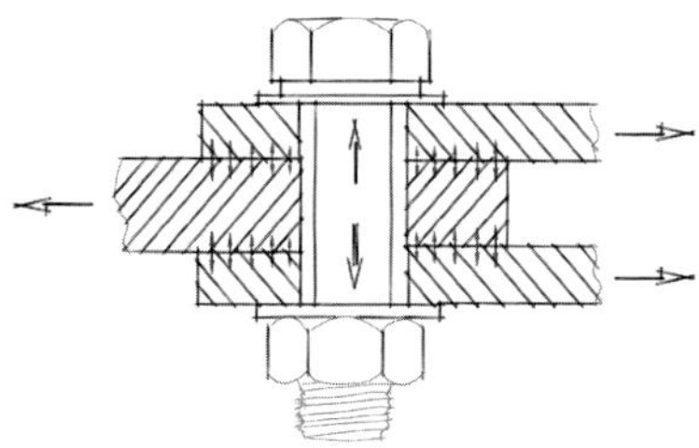

고력볼트

리벳접합은 강철판을 포개어 뚫려 있는 구멍에 가열한 리벳을 꽂아 넣고, 머리 부분을 받친 후 기계해머 등으로 두들겨 변형시켜서 체결하는 형식이다.

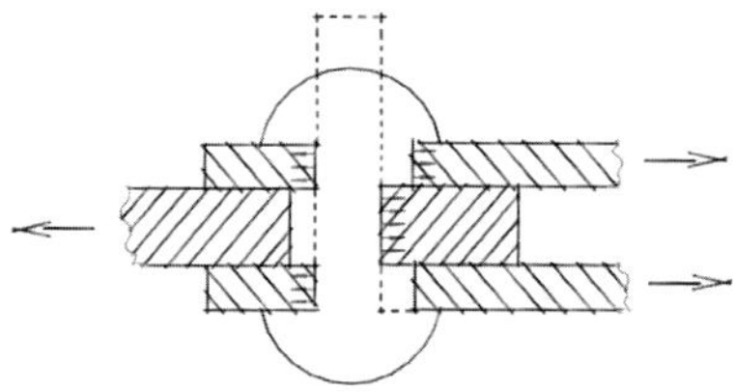

리벳접합

4. 일체식 구조

일체식 구조에는 철근콘크리트구조와 쉘구조가 있다.

1) 철근콘크리트구조의 정의

철근과 콘크리트를 일체화하여 공간을 이루는 구조로써 철근은 부재의 인장력을, 콘크리트는 부재의 압축력을 담당한다. 철근과 콘크리트의 온도에 대한 선팽창계수가 거의 같으며, 콘크리트의 철근 부착강도가 높고 알칼리성인 콘크리트와 산성인 철근의 합성이므로 철근이 녹슬지 않아 수명이 반영구적인 구조체이다.

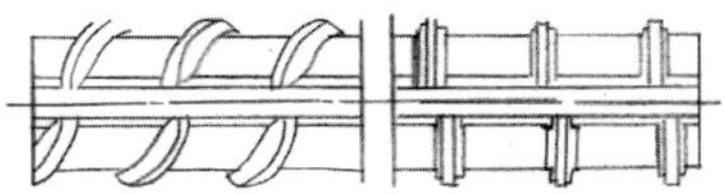

이형철근

2) 콘크리트의 재료

콘크리트는 시멘트, 모래, 자갈을 일정용적 비율(1 : 2 : 4)로 혼합하고, 용도에 따라 물의 양을 조정하여 (W/C : 물시멘트비-중량비) 사용하는 혼합재로서 외부온도 및 용도에 따라 특수 혼화제를 사용한다. 콘크리트의 기준 압축강도는 150~180kg/cm^{2}이며, 콘크리트의 이어붓기는 부재축의 직각방향으로 한다. 콘크리트의 시공연도(workability)는 물 · 시멘트비에 따라 달라지며 콘크리트강도에 영향을 준다.

콘크리트에 사용되는 철근은 철강덩어리를 압연하여 만든 연강으로써 철근의 종류에는 원형철근, 이형철근, 철선, 용접철망 등이 있다. 철근의 허용응력도는 1,600(장기)~2,400(단기)kg/cm^{2}이다.

3) 콘크리트의 시공

필요 부위에 철근을 배근하고, 주위에 일정한 형태를 지지해주는 틀을 짜고 콘크리트를 부어 굳히는데, 이 틀을 거푸집이라 하고, 이는 콘크리트의 부어넣기작업과 응결 및 경화하는 동안 형상과 치수를 유지시키는 주형 경화에 필요한 수분의 누수를 방지하고 외기로부터 경화과정의 콘크리트를 보호해주는 역할을 하는 가설물로써 목재거푸집, 철판재거푸집, 미끄럼거푸집, 터널폼 등이 있다.

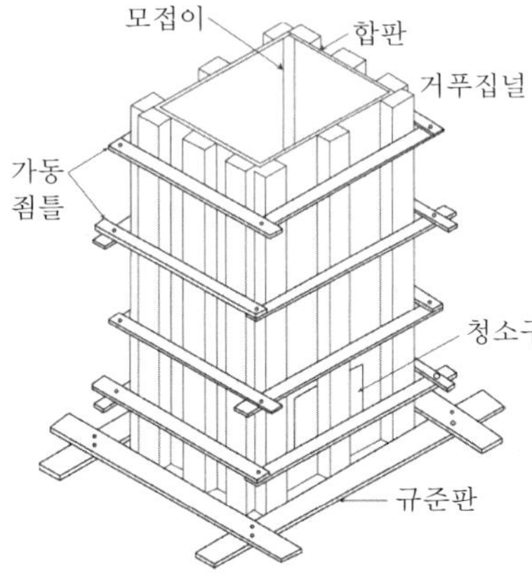

장방형 기둥거푸집

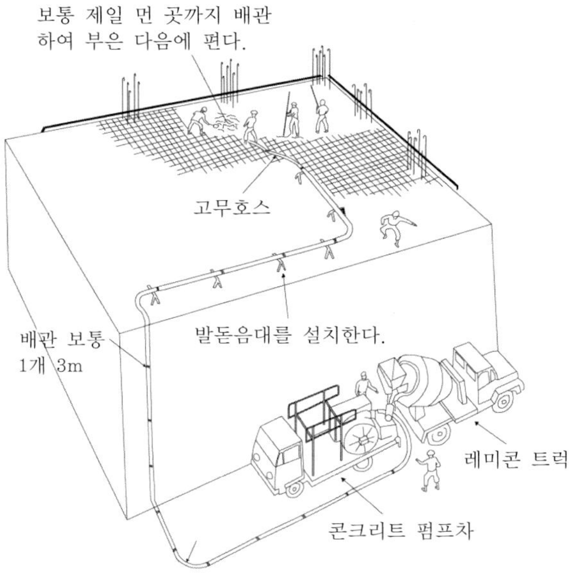

콘크리트 부어넣기

5. 특수 건축구조

1) 정의

특수 건축구조란 일반 콘크리트구조와 달리 더 발전된 구조형태로서 부재의 제작이나 조립방식에서 특수하고 또한 쉘구조처럼 형태의 역학적 특성을 이용하여 하중을 지지할 수 있도록 만든 구조물 등이 특수 건축구조이다.

2) 특수구조의 종류와 특성

① 프리캐스트콘크리트구조

기둥, 보, 벽체나 바닥판 등의 부재를 공장에서 제작하여 현장에서 조립만 하는 건축물을 프리캐스트콘크리트(Precast Concrete, PC)구조라 한다.

프리캐스트콘크리트구조의 장점은 공장생산으로 대량생산이 가능하며, 기계화시공으로 단기 완성이 가능하다. 또한 공장에서 이미 제작해서 운반해 오기 때문에 현장 거푸집공사가 절약되며, 현장에서 발생할 수 있는 오차를 줄여 정밀도가 높은 편이다.

단점으로는 접합부의 완전한 일체화가 어려우며, 동일 형태의 부재를 대량으로 사용하는 건축물에만 적용이 가능하다.

② 프리스트레스트콘크리트구조

프리스트레스트콘크리트(prestressed concrete)구조는 외력에 의해 일어나는 콘크리트의 변형을 최소 한도로 상쇄할 수 있도록 미리 계획적으로 콘크리트에 변형을 주는 것을 말하며, 이러한 변형을 주는 방법에는 강재를 미리 인장시켜 설치하고 긴장한 상태에서 콘크리트를 타설하는 프리텐션(pretension)방법과 콘크리트가 경화 후 강재를 긴장시키는 포스트텐션(post tension)방법이 있다.

프리스트레스트콘크리트구조의 장점은 긴 스팬 구조가 가능하므로 넓은 공간설계(체육관, 공연장 등)도 가능하다. 또한 균열을 억제하는 설계법으로써 내구성이 훌륭하며, 구조물이 확실한 강도와 안정성을 지닌다. 강력한 내구성에도 불구하고 하중을 상쇄시키는 작용을 하므로 부재단면이 감소하며, 공사기간이 단축된다.

단점은 부재의 단면이 적어 강성이 적으므로 진동하기 쉽고, 철근콘크리트에 비해 내화성이 떨어지며, 화재시 위험도가 높다.

③ 쉘(shell)구조

면형 부재의 면이 편평(flat)하면 평판 또는 격벽(diaphragm)이 되겠지만 주어진 면이 단순 또는 이중 곡률(double curvature)이면 쉘구조가 된다. 쉘구조의 종류로는 구형 쉘, 원통형 쉘, 추동형 쉘 등이 있다.

쉘구조-두바이 지하철역사

④ 트러스구조

강재나 목재를 삼각형 모양으로 짜서 하중을 지탱시키는 구조를 말한다. 교량이나 지붕처럼 넓은 공간에 걸치는 구조물로 많이 쓰인다. 트러스가 삼각형 단위공간으로 구성되는 이유는 삼각형 구성은 연결점이 회전단이라 하더라도 사각형 공간일 때 보다 쉽게 변형이 일어나지 않고 안정된 형태를 유지할 수 있기 때문이다.

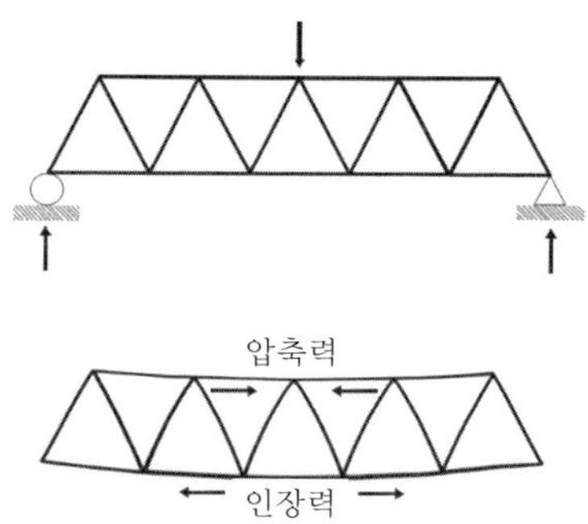

트러스구조

⑤ 절판구조

병풍같이 굴절된 평면판의 큰 지지력을 이용한 형식이며, 철근콘크리트에 주로 사용되었으나 최근에는 강구조의 입체 트러스 평판을 이용한 절판구조가 유사한 형태로 쓰이고 있으며, 주로 지붕구조로 쓰인다.

6-2 건축구성 요소

1. 기초

1) 정의

기초는 자중, 적재하중 및 기타의 외력을 받아 안전하게 지반에 전달할 목적으로 지중에 설치된 하부지중 구조물로 미관에 관계없으며, 보수 및 보강이 어렵다.

2) 지정(地)

건축물의 구조설계시 예정되어 있는 지반의 상태에 따라 기초구조는 달라진다. 지반을 건축물이 서 있을 수 있도록 강화하는 작업을 지정이라 하고, 이 지정에는 잡석다짐, 말뚝, 피어 등이 포함된다.

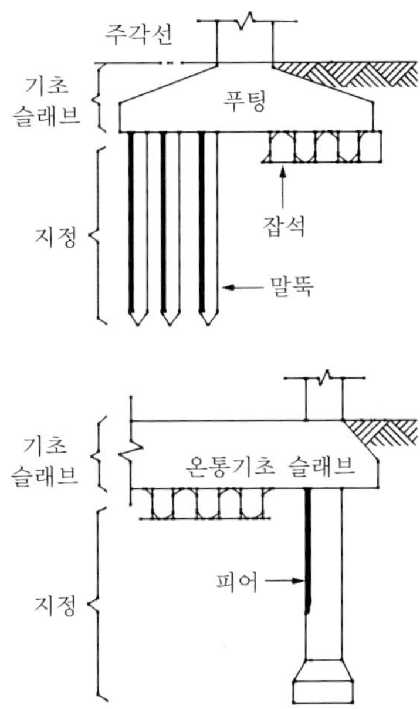

건축기초

2. 바닥, 벽, 기둥, 창호

1) 바닥

바닥이란 건축물 내부의 수평 부분을 칭하며, 슬래브(slab)라는 명칭을 많이 사용한다. 벽, 기둥 등의 수직부재와 연결되며 하중을 지탱해 준다. 재료에 따라 철근콘크리트, 철골, 나무 바닥 등으로 분류한다.

2) 벽

벽은 건축물을 수직으로 둘러쌓는 구성요소로서 상부구조의 하중을 지탱하거나 하부구조로 전달하는 역할을 한다. 힘을 지탱하는 정도에 따라 내력벽과 비내력벽 및 커튼월로 나뉘며, 위치에 따라 외벽과 내벽으로 구분된다.

내력벽은 구조적으로 하중을 받는 벽을 말하며, 철근콘크리트벽, 벽돌벽, 보강콘크리트블록벽 등이 있으며, 비내력벽은 구조적으로 하중을 받지 않는 벽으로 기둥과 보가 하중을 받을 때 공간을 구획해주는 벽돌, 블록, 커튼월이나 내부의 칸막이벽을 일컫는다.

커튼월은 장막벽이라고도 하며 비내력 외주벽으로써 철근콘크리트조, 철골조, 철골철근콘크리트조 등의 구조에서 기둥, 보, 바닥판으로 형성되는 구조부의 외부를 금속재 또는 무기질 재료로써 공간을 막는 비내력벽을 말한다.

3) 기둥

기둥은 건물의 각 층 바닥하중을 기초에 전달하는 수직압축 부재이며, 철근콘크리트기둥, 철골기둥, 목재기둥, 돌기둥(고대) 등 재료상으로 분류가 된다.

4) 창호

창과 문을 통칭하여 창호라 한다. 벽에 개구부를 내어 통행과 차단을 목적으로 한다. 채광과 통풍을 위한 것이 창이고, 사람이나 물품의 이동을 목적으로 하는 것이 호, 즉 문이다.

3. 계단

계단은 상층계와 하층계를 연결하는 통로이다. 평면교통과 달리 많이 위험하기 때문에 많은 사람이 모이는 학교, 극장 등에는 계단에 대한 법규의 엄격한 제한이 있다.

계단은 일반적으로 복도에 요구되는 조건 이외에도 보행의 안전성과 피난상의 문제에 대하여 고려해야 한다.

계단이 있는 방을 계단실이라 하고, 한 계단의 수평바닥을 디딤바닥 또는 디딤판이라 하며, 수직면을 챌판이라 한다. 계단이 길거나 회전부가 있는 경우 쉴 수 있도록 계단참을 두어야 한다.

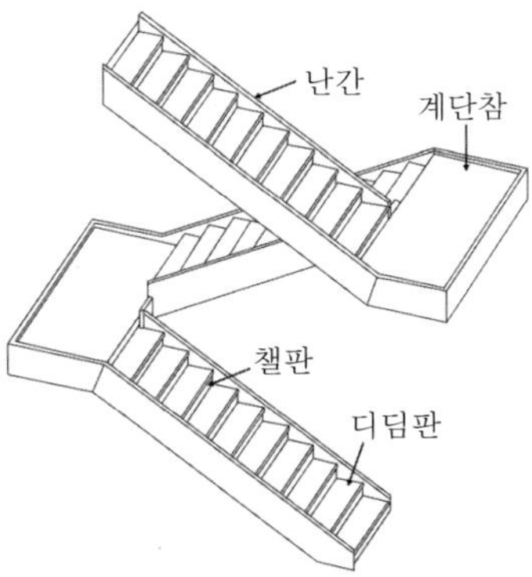

계단의 구성

4. 지붕, 천장

1) 천장

방의 보온과 미관을 위해 방의 상부 중 일부를 가린 종이나 널을 가리켜 천장이라 하고, 반자라고 표현하기도 한다.

2) 지붕

지붕은 벽체나 바닥과 더불어 건축공간을 구성하고, 외부환경으로부터 인간을 보호하는 기능을 가지고 있다. 벽체와 같이 외부에 면해 있으므로 의장적(意匠的)으로도 중요한 요소가 되고, 그 형상이나 마감재료는 건축물의 외형에 큰 영향을 미친다.

지붕의 종류에는 기와잇기, 슬레이트잇기, 금속판잇기, 아스팔트루핑잇기 등이 있으며, 기와잇기에는 보통 점토를 성형해서 구운 기와를 쓰거나 시멘트제 기와를 쓰기도 한다. 슬레이트잇기에는 천연슬레이트, 석면슬레이트, 후형슬레이트 등의 종류가 있다. 금속판잇기에는 아연도금강판, 동판, 알루미늄판, 컬러시트강판 등이 있다.

6-3 건축재료 및 시공

1. 건축재료

1) 정의

건축재료란 건축물을 만들기 위한 재료로 건축물 각 부위에 사용되어 건축물을 구성하는 것을 총칭하며, 때에 따라 공사과정에서 사용되는 가설공사용 자재, 위생기구, 배관 등의 건축설비 및 장치에 이용되고 있는 기재를 포함하는 광의적인 경우도 있다.

2) 요구 성능

재료의 종류, 목적, 장소 등에 따라 다르다. 역학적 성능으로는 강도, 변형, 탄성계수가 있고, 물리적 성능으로는 비중, 경도, 수축열, 소리, 빛, 수분의 투과와 반사 등이 있다. 내구성능에는 산화, 열화, 풍화, 충해, 부후(腐朽, 목재의 부패)가 있으며, 화학적 성능에는 연소성, 인화성, 용융성, 발연성 등이 있다.

3) 건축재료의 분류

구조재료는 기둥, 보, 벽체 등 내력 부위를 구성하는 콘크리트, 강재, 목재, 석재가 있고, 마감재료는 내·외장 재료로써 타일, 도료, 유리, 금속, 보드류 등으로 구성된다. 차단재료는 온도, 습도, 소리, 빛 등의 차단을 목적으로 복층유리, 아스팔트, 실링재 등이 있으며, 방화·내화재료는 연소방지, 내화성능 향상이 목적이며 방화문, 석면 시멘트판, 규산칼슘판, 암면 등이 있다.

4) 건축재료의 역학적 성질

이름	특 징
강성(rigidity)	외력으로 인한 변형이 작은 것이 강성이 큼, 탄성계수의 대소와 관련
인성(toughness)	압연강, 고무(gum) 등 파괴에 이를 때까지 큰 응력을 보여, 큰 변형이 일어나는 성질
취성(brittleness)	작은 변형만 나타내면 파괴되는 주철, 유리와 같은 재료의 성질
연성(ductility)	인장력으로 늘어나는 성질
전성(malleability)	박편으로 펴지는 성질
경도(hardness)	바닥마감재료의 내마모성과 관련된 재료의 강도
탄성(elasticity)	외력으로 변형된 후 외력 제거시 회복되는 성질
소성(plasticity)	외력의 증가 없이 변형 증대
점성(viscosity)	유체흐름 방지 마찰 저항
응력(stress)	외력(하중, 반력)에 대응한 내부저항력(내력)을 단면의 크기로 나눈 값, 그 크기를 응력도(stress level)라 함.

5) 건축재료의 기타 성질

① **비중(specific gravity)**

재료의 중량과 동일한 체적의 4℃인 물의 중량과의 비로써 일반적으로 비중이 큰 것은 조직이 치밀하고 공극·흡수율이 적으므로 내구성이 크다.

② **함수율(water content)**

수분을 포함하는 고체 중의 수분량을 나타내는 것으로써 함수율은 목재의 강도에 영향을 미치는 경우가 크며, 압축강도는 함수율 30%(섬유포화점) 이상일 때는 달라지지 않지만 그 이하일 때는 함수율이 감소함에 따라 강도가 급격히 증가한다.

③ **흡수율(coefficient of water absorption)**

표면 건조 포화수 상태에 있어서 골재립에 포함되어 있는 전체 수량을 골재의 흡수량이라 하며, 이 흡수한 수량의 비율을 흡수율이라 한다. 흡수량은 골재립 내부의 공극 정도를 나타내기 때문에 보통 골재의 경우는 골재 중량의 1% 또는 그 이하, 인공경량 골재에서는 6~8%이다.

④ **열전도율**

물질의 열전도 특성을 나타내는 비례상수로서 단위면적, 단위두께의 열전도체에 대하여 단위온도차일 때 단위시간에 전도하는 열량이다. 기호는 λ , 단위는 [kcal/mh℃]이다.

⑤ **차음률**

외부와의 음의 교류를 차단하는 것이다. 진동을 전달하지 않는 창문이나 벽 등으로 막고, 흡음재를 사용하여 음이 전달되지 않도록 하는 것의 비율이다.

2. 목재

1) 목재의 분류 및 용도

외부장식 수목으로는 침엽수, 활엽수 등이 있고 내부장식 수목으로는 대나무, 야자수 등이 있다.

침엽수는 연재(연목류)로써 주로 구조용으로 사용되며, 활엽수는 경재(경목류)로써 장식 · 마감 · 가구용으로 사용된다.

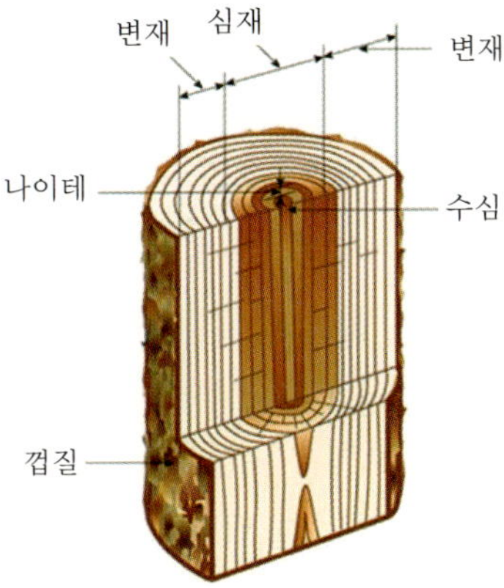

목재

2) 목재의 특징

목재의 조직은 주로 심재와 변재로 구성되며, 심재(heart wood)는 수심 주변으로, 변재보다 단단하고 변재(sap wood)는 수액의 통로가 되고 양분저장소이며 조직이 불안정하다. 도관세포는 활엽수에서 수액 수송담당 세포이며 침엽수에는 없다.

목재의 건자재로서의 성질 중 신축과 비중이 중요한데, 신축은 수분에 의하며, 함수율 30%(섬유포화점) 이하에서 발생한다. 변재가 심재보다 신축이 크고 비중이 큰 목재가 신축이 크다. 널결(판목)방향 > 곧은결(정목)방향 > 섬유방향(나무 성장방향)순으로 신축이 크다.

비중은 목재의 강도, 변형, 내구성, 가공성을 판단하는 역할을 한다. 강도는 비중과 비례하며, 목재의 열전도율은 비중이 크고 함수율이 증가함에 따라 증가한다.

3. 석재

1) 석재의 분류

석재의 조직에는 절리와 석목이 있는데, 절리(joint)는 암석 특유의 천연균열로서 채석 과정에 활용되며 석목(rift)은 조암광물의 배열에 따른 갈라지기 쉬운 면으로 석재가공에 이용된다.

석재는 화성암, 수성암, 변성암으로 대별되며, 화성암에는 화강암, 섬록암, 안산암, 석영이 있고, 수성암(퇴적암, 성층암)에는 사암, 점판암, 응회암(판상층 모양)이 있으며, 변성암에는 석회암, 사문암, 대리석 등이 해당된다.

2) 석재의 성질

석재는 압축강도가 크고 내마모성 · 내구성 · 내화학성이 우수하지만 취성이 크고 비중이 커서 무거워 가공이 어렵다.

석재는 선팽창계수나 조암광물에 따라 그 성질이 달라지며, 강도는 단위용적중량에 비례한다. 또한 석재는 열의 불량도체로써 내화성이 우수하며, 화강암, 대리석은 600℃ 전후에서 파괴된다.

3) 석재 쌓기의 종류

① 층지어쌓기

층지어쌓기는 돌을 2, 3켜 쌓고 또는 어느 정도의 높이로 쌓은 다음에 수평줄눈이 일직선으로 통하게 쌓는 것을 층지어쌓기 또는 성층쌓기라 한다. 수평줄눈에 오는 석재의 바닥면이나 윗면 접합부는 비교적 평탄 직선적으로 된 것을 쓰지만 그 중간에 쌓는 돌은 네모 돌, 막돌 또는 잡석이나 호박돌을 사용해도 무방하다.

② 바른층쌓기

바른층쌓기에서 한 켜에서는 돌의 높이가 동일하고, 매 켜마다 수평줄눈이 일직선으로 연속되게 쌓는 것을 바른층쌓기 또는 평축쌓기라 한다. 매 켜마다 동일한 높이로 할 수도 있고, 달리할 수도 있다. 다만, 돌면은 거칠거나 다듬거나 상관없이 상하 접합면을 수평지게 다듬는 것을 쓰지만 그 접합면 다듬기도 거친 것에서부터 잔다듬 또는 물갈기로도 한다.

③ 마름모쌓기

골쌓기라고도 하며, 면이 정방형에 가까운 돌을 45도 각도로 빗놓아 쌓은 것이다. 이 방법은 견칫돌 석축쌓기에 많이 쓰인다. 엇모(빗)쌓기는 장방형인 석재를 경사지게 놓아 쌓고, 다음 켜는 반대의 경사로 쌓는 것이다. 켜마다 경사를 반대로 하여 쌓기도 함으로써 쌓기도 쉽고 변화도 보이고는 있으나, 대개 간단한 석축에 쓰인다. 빗 쌓기는 석재를 대각선상으로 이어지게 쌓는 것이고, 포장 등에 많이 쓰인다.

④ 거친돌쌓기

잡석 · 간사 등을 적당한 크기로 쪼개어 쌓고, 면은 그대로 또는 거친다듬을 하여 불규칙하게 쌓은 것을 말한다. 이는 중량감 있고, 안전감을 느끼므로 정원건축, 담장 등에 많이 사용된다.

⑤ 다듬돌쌓기

돌의 모서리, 맞댄면을 일정하게 다듬어 쌓기의 원칙에 따라 쌓는 것으로 석재의 표면마무리 여하를 막론하고 다듬돌쌓기라 한다. 외관이 미려하고 가장 튼튼하므로 많이 쓰인다.

거친돌 층지어쌓기 거친돌 바른층 쌓기 마름모 쌓기 엇모 쌓기 거친돌 막쌓기 다듬돌 쌓기

석재쌓기

4. 콘크리트

1) 정의

콘크리트란 시멘트와 물 및 골재를 주원료로 한 혼합재이다. 또한 콘크리트의 성질을 개선할 목적으로 혼화재료를 사용하기도 하며, 시간의 경과에 따라 시멘트와 물의 수화반응에 의해 경화하는 성질을 갖는다.

2) 시멘트

시멘트란 교착재(결합재)의 총칭으로 콘크리트에 사용되는 포틀랜드 시멘트가 대표적이다. 로마시대부터 화산재나 암석의 풍화물에 소석회를 섞어 물로 반죽하고 경화시켜 사용하였으나 1832년 영국의 조셉 아스프딘에 의해 소성에 의한 포틀랜드시멘트가 발명되어 대량생산이 현실화되었다.

시멘트의 수화작용에 필요한 물의 양은 시멘트 중량의 약 25% 내외이며, 이를 결합수라고 하며, 일반콘크리트는 60~65% 정도의 물을 혼합수로 사용한다. 콘크리트의 강도를 조절하여 특정용도를 위해 물의 양을 조절하여 사용하기도 한다.

3) 골재

골재는 시멘트와 물에 의해 굳어지는 모래, 자갈, 부순돌 등이며, 콘크리트 체적의 70%~80%를 차지하며, 골재의 입도에 따라 콘크리트의 워커빌리티, 강도 및 내구성에 영향을 크게 미친다.

골재는 입자크기, 생산방식, 중량 등으로 구분된다. 세부적으로 입자크기는 잔골재와 굵은골재로 나뉘며, 생산방식으로는 천연골재와 인공골재(깬 자갈) 등으로 나뉜다. 중량은 보통골재, 중량골재, 경량골재로 구분되며, 경량골재는 슬래그, 플라이애시, 화산재 등을 가공하여 만든다.

4) 혼화재료

혼화재료는 콘크리트 성질 개선 및 공사비 절감 등의 목적을 위해 사용되며 AE제, 분산제, 경화촉진제, 방동제가 있고, 포졸란, 플라이애시 등이 있다.

AE(air entraining)제는 연행기포의 역할로 시공연도를 개선하여 시공을 용이하게 하며, 응결 · 경화시간 조절제는 급결제, 급경제, 촉진제, 지연제 등이 있어 기후와 관계없이 콘크리트를 타설할 수 있도록 해주며, 방청제는 염분에 의한 철근부식을 억제한다.

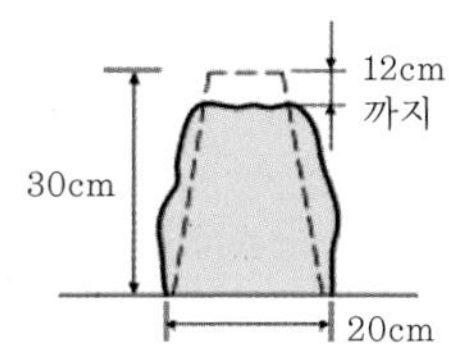

사용 가능

5) 콘크리트

① 시공연도(워커빌리티)

콘크리트 타설 작업의 난이도와 재료의 분리를 막는 정도이며, 슬럼프 테스트의 수치에 따라 정도가 결정된다.

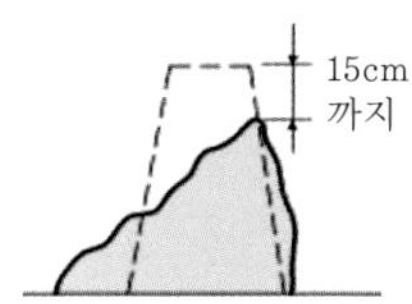

전단파괴 가능

② 슬럼프 테스트

굳지 않은 콘크리트 반죽의 묽기 정도를 측정하는 시험으로 간단하고 실용적이며, 오늘날 가장 많이 사용되고 있다. 이 시험을 통해 일반

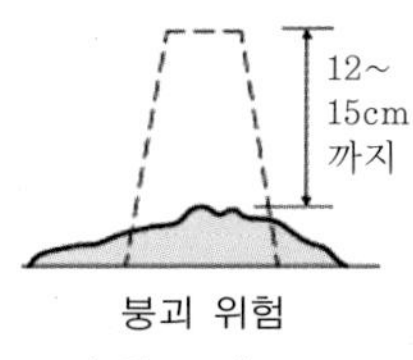

붕괴 위험

슬럼프 테스트

콘크리트는 15cm 이하일 때 사용 가능하다.

③ 이어치기 주의점

블리딩(Bleeding)은 물이 표면으로 상승하는 현상으로 물의 분리를 뜻하며 레이턴스(Laitance)는 블리딩으로 부상한 미립물이 표면에 얇은 피막으로 침적하며, 콘크리트 타설 이음부의 부착성능을 저하시키는 현상이 발생하여 이어치기시 피막부 침전물을 제거하고 이음부를 타설한다.

5. 미장재료

미장재료는 철근콘크리트조, 철골조, 목조 및 조적조 건축물에서 내·외벽, 바닥, 천장 등의 구체 부위를 대상으로 미화, 보호(내구성 향상), 보온, 방습, 방음, 내화를 위하여 적절한 두께로 발라 마감하는 재료로서 모르타르 등이 쓰인다.

6. 금속재료

금속재료는 광석에서 필요한 물질을 제련하여 얻어진 것으로서, 일반적으로 철금속과 비철금속으로 나눈다. 일반적인 금속재료의 특성은 고체이며, 열과 전기의 전도체이고, 소성변형이 가능하고, 경도 및 전성·연성이 큰 재료이다. 그러나 비중이 크고 부식이 생기기 쉬운 단점이 있어 이를 보완하기 위한 금속이 개발되어 티타늄 등이 사용되지만 고가이다.

7. 유리

유리는 현대 건축에서 철, 시멘트에 버금가는 중요한 재료이다. 규산 등의 산성 산화물과 소다, 석회, 산화제이철 등의 염기성 산화물을 배합하여 1,350~1,500도의 고온에서 용융하여 이를 서서히 냉각시켜 결정되지 않게 고화시킨 것이다. 유리는 광선을 투과시키는 반영구적이고 내구성 있는 불연재료로서 대량생산이 가능한 재료이지만 충격강도가 약하여 파손되기 쉽다. 단열·차음 효과가 작은 결점을 가지고 있다.

Glass house(필립 존슨, 1949)

8. 도장재료

도장재료란 유동상태로 사물의 표면에 바르면 얇은 층이 형성되며 도료라 한다. 도장은 물체의 표면에 도료를 사용하여 도막을 형성하게 하는 작업공정을 말하며, 건축물이나 공작물 등의 표면에 도장하면 내식성, 방부성, 내후성, 내화성, 내열성, 내구성, 내화학성 등을 증가시키고 방수성, 방습성, 내마모성 등을 높이며 착색, 광택, 무늬 등으로 외관을 아름답게 미화시킨다.

Chapter 7_ 건축설비

7-1 건축기계설비

1. 건축설비

건축설비(Environmental Control System)라고 표현되듯이 실내·외의 환경이 인간과 기타 물체에 적합하게 인위적으로 또는 자연적으로 조절되도록 하는 것이다. 건축설비는 위생설비, 냉난방설비, 전기설비, 환기설비, 공기조화설비, 방재설비 등으로 대별할 수 있다.

2. 위생설비

위생설비란 건물 내의 거주자들에게 보건위생, 편의시설로서 물을 공급하고 배수하는 설비이다.

1) 급수설비

건물 내에 물을 공급하는 방식으로는 직결급수방식과 간접급수방식이 있다.

직결급수방식에는 수압으로 공급하는 수도직결방식과 수도관에 가압급수펌프를 직접 접속해서 공급하는 중앙급수방식이 있다.

간접급수방식에는 중력에 의해 급수하는 고가수조방식과 펌프로

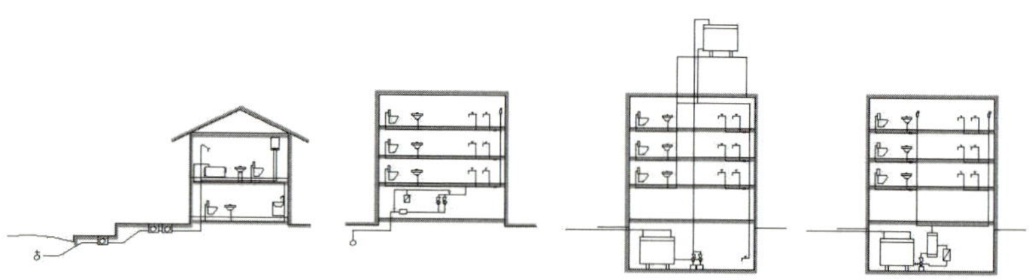

직결급수 및 간접급수

가압한 압력수조에서 공급하는 압력수조방식 및 가압펌프(부스터 펌프)를 이용하여 급수하는 펌프직송방식이 있다.

2) 급탕설비

급탕방식에는 중앙급탕방식과 국소급탕방식이 있다. 급탕개소가 건물 전체에 분포된 경우에는 중앙급탕방식, 급탕개소가 건물 내에 분산되어 있을 경우에는 국소급탕방식을 적용하는 것이 합리적이다. 음용급탕은 각각의 장소에 전용 급탕기를 설치하는 국소급탕방식으로 한다.

3) 배수설비

배수설비란 건물 내에서 사용한 물(오수, 빗물, 폐수 등)을 정치시키지 않고, 실외의 하수구 및 옥외 하수도 또는 오물정화조로 흘러 보내는 배수계통 일체에 해당하는 트랩, 통기관, 배수관, 배수펌프 시설 등을 배수설비라 한다.

3. 냉 · 난방설비

건물 내의 거주자 또는 어떤 물체에 일정한 온도를 유지하는 설비를 말하며, 열매는 공기, 증기, 물, 냉매 등이 사용된다.

증기난방이란 중앙난방방식 중 방열체를 직접 실내에 설치하여 적정한 실내온도를 유지시키는 직접난방방식으로서 증기를 열매로 이용하는 난방방식이다. 방열형식은 주로 대류나 복사에 의해 이루어지고 방열체로는 라디에이터, 베이스컨벡터, 핀컨벡터 등이 사용된다.

온수난방이란 현열을 이용한 난방으로서 보일러에 가열된 온수를 복관식 또는 단관식 배관을 통하여 방열기에 공급하여 난방하는 방식이다.

복사난방이란 방을 구성하는 바닥, 천장 또는 벽체에 열원이 통과할 수 있는 관을 매설하고 온수를 공급하여 그 복사열로 방을 난방하는 방법이다.

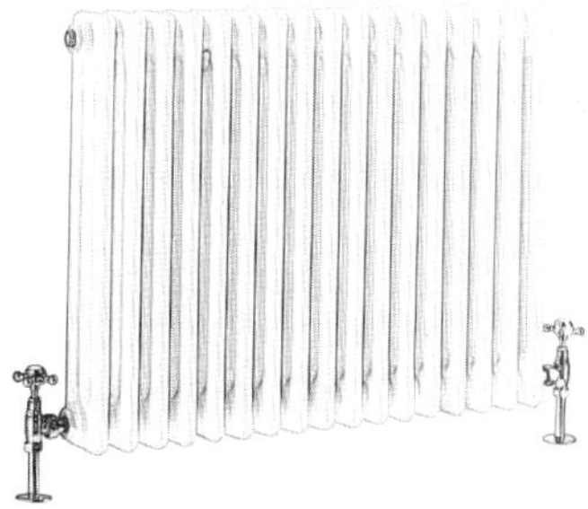

라디에이터

컨벡터

4. 환기설비

환기설비란 건물 내의 건축자재에서 발생되는 유해물질, 호흡으로 인한 이산화탄소 등 실내 유해가스를 환기설비를 통한 외기로 희석시키는 것을 말한다. 최근 건물의 기밀도가 높아짐에 따라 건물의 유해가스배출이 어려워지고 있어 창호를 통한 자연환기는 한계를 갖고 있다. 따라서 환기설비를 필요로 하며 설비장치로는 송 · 배풍기, 덕트, 급 · 배기구, 후드, 에어 필터 등이 있다.

5. 공기조화설비

공기조화란 실내공간에서 인간의 안락하고 위생적인 주거공간을 조성하기 위하여 공기의 온도, 습도, 기류, 환기, 청정도를 사용목적에 따라 가장 알맞은 상태로 조정하는 것을 말한다. 냉 · 난방설비는 실내공기의 가열과 냉각에 의한 온도만을 제어하기 때문에 쾌적성 추구에는 못 미치지만 공기조화설비는 공기의 가열 및 냉각의 온도제어와 공기의 가습 및 감습의 습도제어, 기류속도, 기류분포, 청정도 제어까지 가능하기 때문에 쾌적한 실내환경을 얻을 수 있다.

6. 방재설비

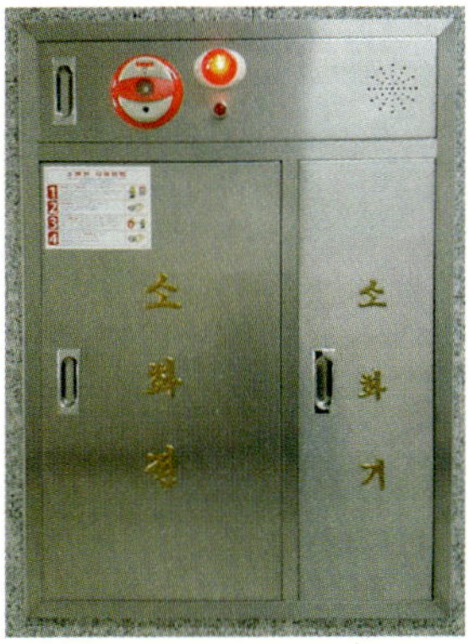

소화전

건축설비 중에서 재해를 방지하기 위한 시설을 말하는데, 방화문이나 방화벽 등의 방화설비, 소화전이나 스프링클러 등의 소화설비, 배연설비, 비상용 조명장치, 비상용 출구, 고층건물의 비상용 계단 및 승강기 등이 이에 속한다.

7. 기타 설비

주변에서 쉽게 볼 수 있는 설비요소로서 건축설계시 실내·외 미관을 고려해야 하는데 배수설비, 엘리베이터설비, 주방설비, 수송설비 등이 있다.

1) 배수트랩

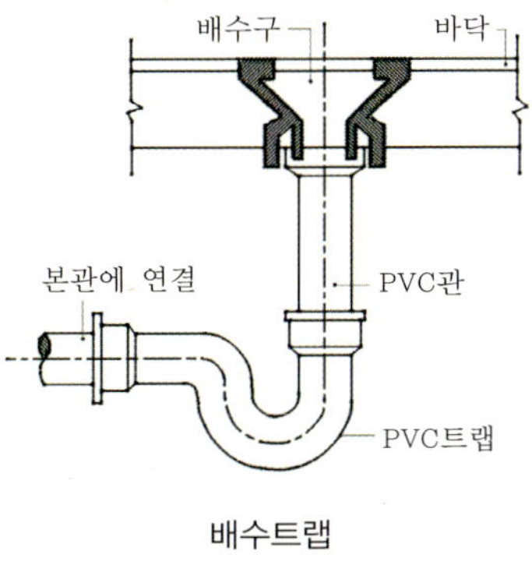

배수트랩

배수관은 보통 중력의 작용에 의해 물이 흐르므로 관 속 가득히 흐르는 일은 거의 없고, 기구에서 배수되지 않을 때는 관 속은 비어 있게 되며, 하수 본관 및 가옥 배수관에서 발생한 해로운 하수가스가 위생기구를 통하여 집안으로 침입하게 됨을 방지하기 위해 배수계통 중 일부분에 물을 저수함으로써 물은 자유로이 유통시키지만 공기 및 가스 또는 해충은 유통하지 못하게 하는 기구가 배수 트랩(trap)이다.

2) 에어컨 실외기

에어컨을 가동하면 실내기에서 찬바람이 나오고 실외기에서는 따뜻한 바람이 나오는데 실내의 열을 모두 흡수하여 밖으로 버리기 때문이다.

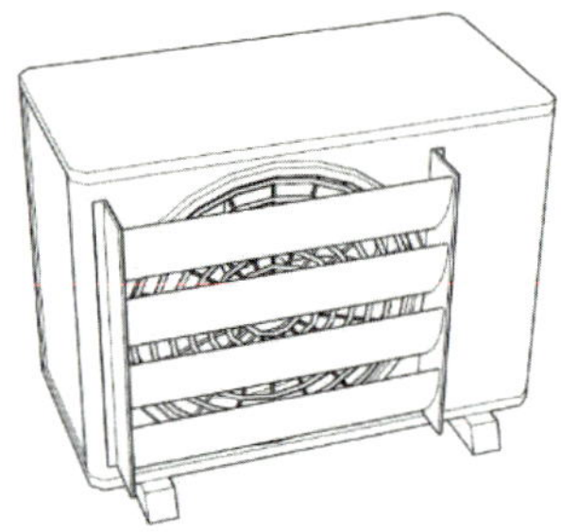
에어컨 실외기

에어컨의 냉매가스가 액체상태에서 배관을 따라 실내기로 순환하면서 실내기 내부냉각핀에서 증발하여 기체로 될 때 열을 흡수하여 주위를 차갑게 만든다. 이와 같이 차가워진 주위를 냉각핀 안쪽에서 송풍기 팬이 가동되면서 찬바람이 나온다.

3) 레인지 후드

요리할 때 나오는 음식물 냄새 및 여러 가지 냄새들을 잡아주는 역할을 하는 기계이다. 밖으로 연결된 관을 통하여 냄새를 빨아들여 실내에 있는 냄새를 밖으로 배출시킨다.

4) 스프링클러

화재통보와 소화가 발화 초기에 동시에 행해지는 자동소화설비로, 물을 분무상(噴霧狀)으로 방사시키므로 액체소화에 효과가 크고, 화재 발견이나 소화활동이 곤란한 지하 건축물이나 가연물이 많고 사람들이 많이 드나드는 부분에 적합하다.

스프링클러

5) 기타 수송설비

덕트

수직 수송에 필요한 설비로는 에스컬레이터와 엘리베이터로 대별되며, 에스컬레이터는 사람이나 화물이 자동적으로 위아래 층으로 오르내릴 수 있도록 만든 계단 모양의 장치이고, 엘리베이터는 동력을 이용하여 사람이나 화물을 아래위로 나르는 장치이다. 공기나 물을 수송하는 설비로는 배관 · 덕트 · 우수관 등이 있는데, 배관은 기체나 액체 따위를 다른 곳으로 보내기 위한 관이며, 덕트는 공기와 같은 유체가 흐르는 통로이고, 우수관은 건물 옥상에 고인 빗물을 비롯하여 지상에 고인 물을 빼내기 위하여 설치한 관이다.

7-2 건축전기설비

1. 조명설비

1) 조명설비의 개요

조명설비는 조명기구, 점멸 · 조광 시스템, 전원 시스템 및 배선으로 구성되는 빛의 이용설비를 말한다. 조명설비는 건축전기설비 중 어느 건물에서나 필요로 하는 설비이며, 사용하기 쉬우며, 안전하고, 경제적이어야 한다. 또한 실내의 사용 목적에 따라 건물 내 각각의 실내환경과의 조화를 고려하여야 한다. 좋은 실내조명 요건으로는 적당한 조도와 빛의 균일도 및 방향, 적당한 광색, 경제적 측면 등이 있다.

2) 광원

전력을 빛으로 바꾸는 기구로, 스스로 빛을 내는 물체를 광원이라 한다. 태양광선과 색이 비슷한 백열전구 및 형광등이 많이 쓰이고, 현재는 LED조명으로 대체 과정에 있다.

① 백열전구

전구 속의 필라멘트로 하여 이를 유리구로 싸고 안을 진공 혹은 약간의 가스를 넣은 것으로 전기를 흘려보내 열과 함께 빛을 내는 원리를 이용한 전구이다. 진공전구 또는 가스전구라 부른다.

백열전구

② 방전등

관구 내에서의 전기방전현상에 따른 발광을 이용한 것이다. 수은증기나 나트륨증기, 제논 등을 기체로 사용하여 이를 각각 수은램프, 나트륨램프, 제논램프라 부르며 특유한 광색을 갖고 있다.

③ 형광등

유리관 속을 진공으로 하여 아르곤 가스와 수은을 넣고, 유리관 안쪽에 형광 도료를 칠해 수은의 방전을 이용해 자외선을 가시광선으로 바꾸어 조명하는 등이다.

형광등

④ 발광다이오드(LED)

LED(Light Emitting Diode)라고도 하며, 반도체에 전압을 가해 생기는 발광현상을 이용한 광원이다. 기존의 백열전구·형광등에 비해 발열량이 적고 소형화가 가능해 수명이 길다. 차세대 조명용 광

LED등

원으로 주목받고 있다.

3) 조명기구와 조명방식

현대사회 발전과 생활방식의 변화와 함께 조명기구 또한 고도의 성장을 거듭하여 건축과 조명, 능률과 기능에 발전을 이루었다. 조명기구는 그 실내에 요구되는 성능과 조화를 이루는 미적 감각과 실내의장까지도 감안하는 기구이어야 한다. 조명기구를 설치하는 방법은 직접장치기구, 매단기구, 매입·반매입기구, 벽설치기구 등으로 나눌 수 있다.

① 직접조명은 빛이 작업면을 직접 조사하여 효율이 가장 좋고, 보수비가 저렴하지만 눈이 부시고 그림자가 짙은 특성이 있다.

② 반직접조명은 플라스틱과 반투명의 유리를 사용하여 빛이 대상체에 직접 조사되고 나머지의 빛이 천장이나 벽에서 반사되어 조사되는 방식이다. 그림자가 생기고 눈부심이 발생한다.

③ 전반확산조명은 조명기구를 일정한 간격으로 배치하여 균일하게 조명하는 방식이다. 전구의 빛을 집중시키지 않고 방 전체에 확산되도록 한다. 간접조명과 직접조명의 중간방식이다.

④ 반간접조명은 빛이 사물에 직접 조사되고 나머지 빛이 천장과 벽에서 반사되어 조사되는 조명방식이다. 그늘짐이 부드럽고 눈부심이 적다.

⑤ 간접조명은 빛이 천장에서 반사된 후에 대상체에 도달한다. 효율성이 좋고 보수비가 비싸다. 빛이 부드러우며 그림자가 없는 조명방식이다.

4) 전등배선

부하설비(조명, 콘센트, 동력설비 등)를 운용하고 기능을 발휘하기 위해서는 전원을 공급해야 하므로 배선을 필요로 하며 전등, 콘센트,

스위치, 분전반 등으로 구성되어 있다.

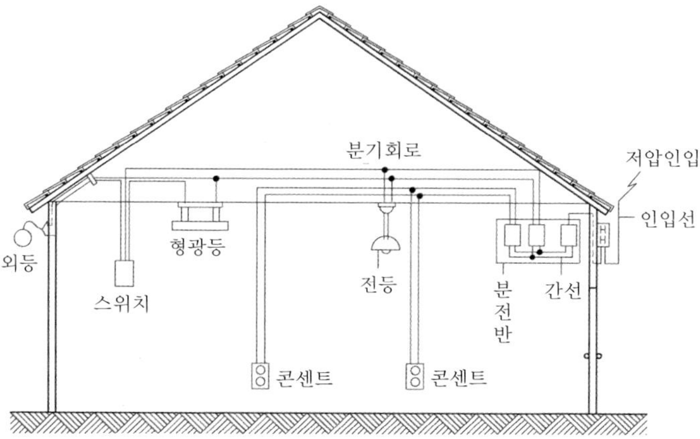

옥내배선

2. 정보설비

건물 내에서 통신과 관련된 설비로서, 정보설비에는 전화설비, 지능형 홈 네트워크설비, 화재탐지 및 경보설비, 인터폰설비가 있다. 또한 약전설비라고도 하며, 건축법·소방법의 개정, 복잡하고 고도화된 고층 건물의 출현 등을 감안할 때 약전설비는 인체의 신경계통이라 할 수 있다.

1) 주요기기

수용하는 국선의 수에 따라 단자함을 구분하여 설치하고 부하에 안정된 직류전압을 공급하기 위한 전원장치를 설치한다.

2) 정보설비의 종류

전화설비란 전화용 배관 및 배선설비를 말한다. 내선전화기 또는 버튼전화기에 대한 설비까지도 포함한다.

지능형 홈네트워크설비란 건물 내에 편리성을 부가한 주택설비이다.

외부의 단말기로부터 홈게이트웨이에 접속하여 집안의 가전기기를 작동할 수 있는 설비이다.

경보설비에는 소방법에 의한 차로경보설비, 도난경보설비, 비상경보설비 등이 있다. 화재 및 도난방지를 위한 시설이며, 고주파 전파방식과 적외선방식이 있다.

인터폰설비는 건물 내의 연락을 목적으로 설치하는 것으로 가정용, 일반업무용, 관공서 등에 널리 사용된다.

3. 동력설비

건축전기설비에서의 동력설비란 전력에 의해 전동기를 구동하여 회전력을 얻기 위한 설비이다. 주택사무소, 병원, 공장 등의 건축물에 사용하는 냉동기, 팬, 급배수설비의 펌프, 수송설비의 엘리베이터, 에스컬레이터 등이 동력설비에 속한다.

7-3 신재생에너지

1. 태양에너지

태양에너지는 크게 태양광과 태양열로 구분되는데, 태양열에너지는 태양으로부터 방사되는 복사에너지가 대기층을 투과하여 지표면에 도달되는 열에너지를 모아 필요한 곳에 사용하는 에너지이다. 태양열을 이용하여 가정에서는 냉·난방에 이용할 수 있으며, 공장이나 발전소를 움직이는 산업에너지로도 사용된다.

태양광에너지는 태양의 빛에너지를 광전효과를 이용하여 전기에너지로 바꿔주는 태양전지를 이용한 에너지를 말한다. 태양열을 난방에 직접 이용하는 태양열발전기술에서 좀 더 발전된 방식이다. 태양광에너지의 장점으로는 환경친화적이고, 필요한 전기량의 생산조절이 가능하다는 점 등이고, 단점은 초기투자비 및 발전단가가 높다는 것 등이다.

태양에너지 주택사례, 판교

태양으로부터 나오는 에너지는 무한할 뿐만 아니라 깨끗하고 공해가 발생하지 않는 청정에너지이지만 단위면적당 공급받을 수 있는 에너지량이 적고, 흐린 날이나 비오는 날은 태양에너지를 사용할 수 없다는 점에서 태양에너지를 이용한 기술의 어려움이 있으며, 현재 화석연료에 비해 비경제적이라는 문제점을 가진다.

2. 풍력에너지

풍력발전이 각광을 받는 것은 전력생산단가가 저렴하며, 연료와 폐기물이 없는 청정에너지이기 때문이다. 그러나 풍력발전기는 소음이나 자연경관을 손상하는 등의 문제를 일으킬 수 있고, 자연경관을 해치고 새의 이동이나 동물의 이동을 방해함으로써 생태계를 손상할 수도 있다. 또한 상시 바람의 양이 있어야 하는 지역에서만 가능하다는 문제점도 있다.

영양 풍력발전소

3. 조력에너지

바다의 밀물과 썰물의 힘을 이용해 전기를 생산하는 기술이며, 자연현상을 이용하기 때문에 공해가 없고 자원에 제약이 없다. 프랑스의 랑스 발전소가 24만kw급의 상업발전소를 가동중이고 캐나다, 중국 등에서 시험발전소를 건설했다. 북한 진남포에서도 5천kw급 시험발전소를 운영하고 있는데, 우리나라의 가로림만과 천수만은 세계적인 조력발전후보지로 판명됐으나 막대한 건설비용 때문에 발전사업이 구체화되지 못하고 있는 실정이다.

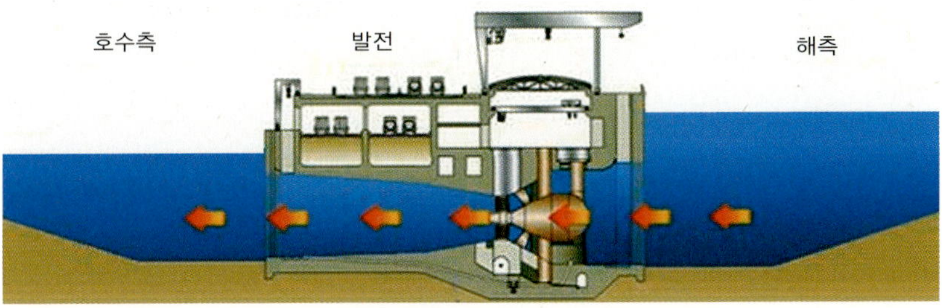

시화호조력발전소 발전방식

4. 지열에너지

지열은 지구의 내부에서 외부로 나오는 열을 말한다. 이러한 지열은 수증기, 온수 및 화산분출 등에 의해 지표로 유출된다. 지열에너지는 지구 자체가 가지고 있는 에너지이므로 깊이에 따라 잠재력이 무한하다고 할 수 있다. 현재 지열 에너지는 온천 등의 관광자원이나 난방의 열원 등으로 직접 이용되는 경우가 많다. 지열 발전을 통하여 전기에너지를 얻는 방식이나 쿨튜브 등을 통해 건물의 냉·난방에너지 보조장치로 이용 빈도가 높다.

5. 바이오에너지

쿨튜브－이화여대ECC

바이오매스란 나무나 풀, 가축의 분뇨, 음식물 쓰레기 등을 에너지원으로 사용하는 것을 말한다. 즉 나무의 줄기, 뿌리, 잎 등이 대표적인 바이오매스이다. 화학공학 · 생물공학 · 유전공학 등의 기술을 이용하면 바이오매스는 알코올이나 메탄가스, 수소가스, 그리고 전기에너지로 전환시킬 수 있다. 예를 들어 옥수수 · 사탕수수 · 감자 등 곡물이나 나무 · 볏짚 등의 식물체의 당분을 발효시켜 만드는 바이오에탄올과 대두유 · 팜유 · 폐식용유 등에서 식물성 기름을 추출해 만드는 바이오디젤, 가축의 분뇨나 공장의 폐수, 음식물 쓰레기 등을 미생물로 발효시켜 메탄이나 수소기체를 얻기도 한다.

Chapter 8_ 조 경

8-1 조경의 개념

토지를 계획 · 설계 · 관리하는 기술로서 자원보전과 관리를 고려하면서 문화적 · 과학적 지식을 활용하여 자연요소와 인공요소를 구성함으로써 유용하고 쾌적한 환경을 조성하는 것이다.

8-2 기 후

계획의 주된 목적이 인간을 위한 환경을 만드는 것이라면, 기후는 필수적인 고려사항이다. 기후는 첫째, 인간활동의 입지에 적합한 지역을 선정할 때 필히 고려해야 하고, 둘째, 그 지역 내에서 가장 적합한 부지를 선정할 때도 고려해야 한다.

부지선정 후 추가로 고려해야 할 사항으로는 주어진 기후조건에 맞는 단지와 구조물 설계와 환경조건을 개선하기 위한 기후의 영향이다.

1. 기후의 특성

기후에 대해 가장 확실히 느낄 수 있는 것은 물리적으로 한 해, 한 계절, 그리고 하루 단위의 온도변화이다. 온도는 위도, 경도, 고도, 햇빛 쪼이는 정도, 식생의 영향을 받고, 해류, 수계, 빙하, 사막 등과 가까이 있으면 기후 변화에 큰 영향을 받는다.

기후는 인간생활의 풍요 정도를 결정하고, 인간의 살아가는 태도를 결정하는 사회적인 특성이 있으며, 풍요로운 생활에 대한 인간의 욕구와 사람들의 살아가는 태도는 계획의 내용을 결정한다. 따라서 어떤 지역의 기후를 연구할 때는 기후와 날씨에 적응해 온 독특한 행동양식, 기후조건에서 연유하는 독특한 지역공동체 조직의 유형을 살펴보는 것이 바람직하다.

2) 기후와 적응

지구의 기후대는 크게 보면 한대, 온대, 아열대, 열대건조지역 네 가지로 나눌 수 있으며, 각 지역마다 주어진 기후 조건이 있고, 그에 알맞은 합리적인 계획과 설계가 있다. 예를 들어 한대지방에서는 건물을 낮게 설계하지만 열대지방에서는 환기를 위해 높게 설계한다.

3) 미기후학

미기후학은 국지적인 기후조건을 연구하는 학문으로 '소규모의 기상을 연구하는 과학' 이라고 부르기도 한다. 과학적 연구의 목적은 물론 인간환경의 개선에 적용될 수 있는 사실과 원리를 발견하는데 있다고 할 수 있다. 미기후학도 마찬가지이다.

8-3 토 지

1. 토지의 정의

토지는 우리의 궁극적인 자원이다. 토지이용의 우선순위를 생각해야 하고, 부분적 토지이용의 합리성을 추구함과 동시에 전체적인 토지 이용체계의 논리성도 고려해야 한다. 적절한 토지이용계획을 수립하려면 각각의 토지가 전체적인 맥락에서 어떤 상관관계를 갖고 있는지 이해해야 한다.

2. 사면안정 방법

조경에서는 평지뿐만 아니라 경사면도 잘 활용할 필요가 있다. 이러한 경사면의 안정을 위해서는 다양한 방법이 사용된다. 종자를 파종하여 표토를 결속하거나 분쇄목으로 덮기, 식물뿌리와 낙엽 등이 표토층을 결속하고 지탱하는 식재 쌓기, 석재 또는 콘크리트 제품을 건식이나 습식으로 붙이기, 맞물리는 단면을 가진 철재말뚝이나 공장생산 콘크리트 말뚝박기, 석축쌓기, 옹벽 등으로 경사면을 안정시킨다.

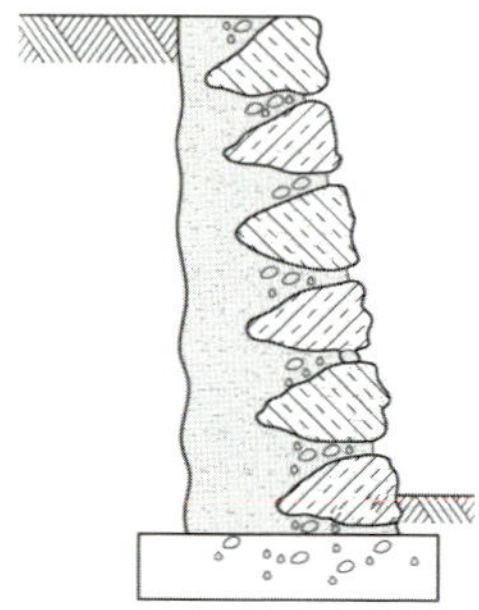

석축 쌓기

8-4 물

1. 자원으로서의 물

수로 및 수계와 관련된 토지이용계획을 수립할 때는 근접 효과의 극대화를 목표로 하는 것이 좋다.

2. 자연수계계획

자연하천과 호수는 강수량, 지표수 유출, 침전작용, 정화작용, 조류, 파도 등 여러 동적인 힘의 산물이다. 자연하천, 연못, 호수 등을 변경하는 것은 새로운 평형상태에 이를 때까지 여러 가지 활동과 상호작용의 연쇄반응을 일으킨다. 따라서 물과 관련된 계획에 있어서 우선 고려해야 할 사항은 교란되지 않도록 유지하고, 그 상태에 맞추어

개발계획을 세워야 한다는 것이다.

3. 수변(Water edges)계획

변형과 간섭을 최소화하여 자연스러운 흐름을 유지하도록 하고 물살이 빠르거나 파도의 충격이 강한 곳은 그 힘을 흡수할 수 있도록 제방을 경사지게 만들고 침식방지시설을 설치한다. 부두, 선창, 높이가 조절되는 램프를 부착한 부주 등을 이용하여 원하는 깊이의 물에 접근할 수 있게 한다.

또한, 난간, 미끄럼 방지 포장, 구명대, 경고 표지, 조명시설을 설치해서 안전성을 높이며, 풍화작용과 습기에 잘 견디는 재료, 연결 철물 및 시설물을 사용하여 수변시설에서 항상 발생하는 부식문제를 예방한다.

8-5 조경식재

1. 상층목

상층목은 대부분 수관(樹冠)을 형성하는 키가 큰 녹음수, 산림에 자라는 수종 등이며, 단독으로 또는 여러 나무가 어우러져 높은 지하고를 만드는 나무들이다.

상층목

2. 중층목

중층목은 거의 지면으로부터 적어도 눈높이까지 잎이 달린 키가 작은 편에 속하는 활엽수종과 침엽수종들이다. 중층목은 교목 아래에 또는 별도로 식재하여 차폐, 배경구성, 흥미로운 경관조성 기능을 발휘하게 한다.

중층목

3. 관목

관목은 키가 작고, 지면에서 또는 거의 지면에 가까운 부위에서 가지가 여러 개 뻗은 다년생 수목을 말한다. 관목은 보조적인 낮은 차폐녹지를 만들고자 하는 곳에 사용하거나 아름다운 형태, 잎, 꽃, 열매 등을 보고자 할 때 사용한다.

관목

4. 덩굴식물과 지피식물

덩굴식물과 지피식물을 선택함에 있어서 침식 방지와 토양 수분 유지, 자연스러운 전경을 조성하며, 좋은 잔디밭과 놀이터를 제공하고 유지관리를 최소화하는 식물을 선택한다.

지피식물

8-6 경관특성(시각경관)

1. 전망

전망이란 어떠한 시점에서 보이는 경치이다. 전망도 보존 · 약화 · 변경 · 강조할 수 있다. 전망은 꼭 앞에서만 보거나 고정된 한 방향에서 접근하며 보아야 하는 것은 아니다. 전망은 전경 전체 또는 전경의 일부분을 한 각도에서 또는 여러 각도에서 보는 것이다. 전망은 비스듬히 올려보거나 내려다 볼 수도 있고, 길을 따라 가면서 조금씩 볼 수도 있고, 넓은 쪽에서 한눈에 볼 수도 있다.

일본 도쿄-시빅센터전망대

2. 조망

조망은 한정된 전망이다. 대부분 종점(terminal) 경관이나 주요 지형지세를 바라보는 것이다. 조망은 완전히 창조해 낼 수도 있고 정교하게 인위적으로 통제하는 것도 가능하다.

8-7 동 선

조경에서의 동선에는 보행동선과 차량동선으로 대별된다. 보행은 땅 위를 걷는 것이기 때문에 흐름의 형태를 취한다. 보행 흐름은 잘 계획하면 원하는 대로 유도하고, 붙잡아 두고, 나누고, 합하고, 고이게 하고, 모여 흘러가게 하고, 방향을 주고, 방향을 바꾸고, 속도를 빠르게 할 수도 있다.

차로는 자동차를 위한 도로로서 인체에서 혈관을 통한 지속적인 혈액순환이 요구되듯이 '마찰 없이 교통수단이 흐를 수 있는 통로' 로 계획하여야 한다.

8-8 등고선

등고선은 수준점(水準點, benchmark B.M.)이라고 하는 가상의 또는 정해진 높이의 지점으로부터 일정한 높이에 위치한 지점들을 연결한 선이다.

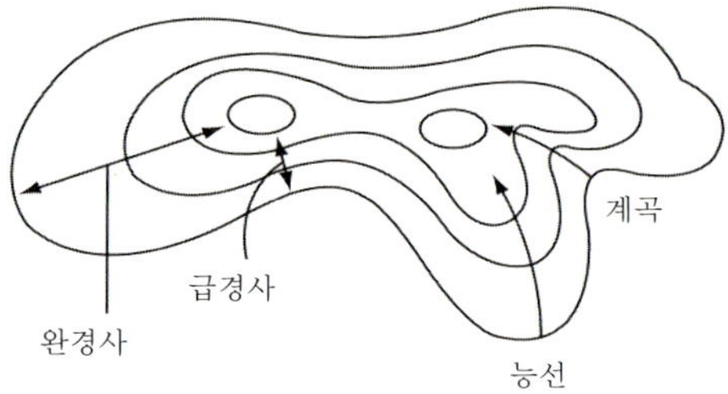

등고선

Chapter 9_ 도 시

9-1 도시의 개념

도시는 비농업적 전문인의 분포가 높은 인구밀도를 가진 지역으로서 행정적 측면에서 우리나라의 지방자치법은 시(市) 또는 읍(邑)의 요건으로 지역 대부분이 도시의 형태를 갖추고, 시는 인구가 5만 명 이상, 읍은 2만 명 이상이어야 한다고 규정하고 있다. 오늘날 도시는 국토의 평면적 · 공간적 차원으로 그 개념이 확장되고 있는바, 경제 · 사회 · 문화 · 교통 · 통신 · 환경 등의 다양한 영향의 확대로, 지역적 개념에서 광역적 개념으로의 이해가 요구되고 있다.

9-2 도시계획체계

한국의 공간계획체계에서 계획대상의 범위를 기준으로 국토 · 지역, 도시 · 단지, 개별 필지의 3단계로 구분해 볼 때 국토기본법은 전국을 대상으로 적용하고, 국토의 계획 및 이용에 관한 법률은 도시 · 단지를 대상으로 적용된다. 건축법은 개별 필지를 대상으로 적용된다고 할 수 있다.

1. 광역도시계획과 도시계획

광역도시계획은 인접한 2개 이상의 특별시 · 광역시 · 시 또는 군의 행정구역에 대하여 장기적 발전을 제시하는 계획으로써 무질서한 외연적 확산과 지방자치단체 간의 중복투자를 방지하는 목적으로 수립하며, 20년 단위로 계획을 수립하고, 원칙적으로 변경이 불가능하다.

도시계획은 특별시 · 광역시 · 시 또는 군의 단위 관할구역에 대하여 수립하는 공간구조와 발전방향에 대한 계획으로서 도시기본계획과 도시관리계획으로 구분된다.

2. 도시기본계획과 관리계획

도시기본계획은 장기적으로 특별시 · 광역시 · 시 또는 군이 공간적으로 발전해야 할 구조적 틀을 제시하는 종합계획으로서 도시관리계획 수립의 지침이 되는 계획을 말하며, 20년 단위로 수립된다.

도시관리계획은 당해 시 · 군의 지속 가능한 발전을 도모하기 위하여 5년 단위로 수립하는 관리계획으로서 특별시 · 광역시의 경우 행정구역 전체를 대상으로 정비하기 어려우므로 특정부문을 중심으로 재정비할 수도 있다.

3. 지구단위계획

토지이용 기능을 증진시키며, 경관 · 미관을 개선하여 양호한 환경을 확보하고, 환경친화적 도시환경을 조성하고, 지속 가능한 도시개발 또는 도시관리가 가능하도록 하기 위한 계획으로서 일반적인 도시계획과는 달리 특수한 상황에 적용되는 계획으로 지역에 따라 별도의 건폐율, 용적률, 건축물의 용도를 따로 정할 수 있으며 건축물의 배치, 형태, 색채 등도 정할 수 있다.

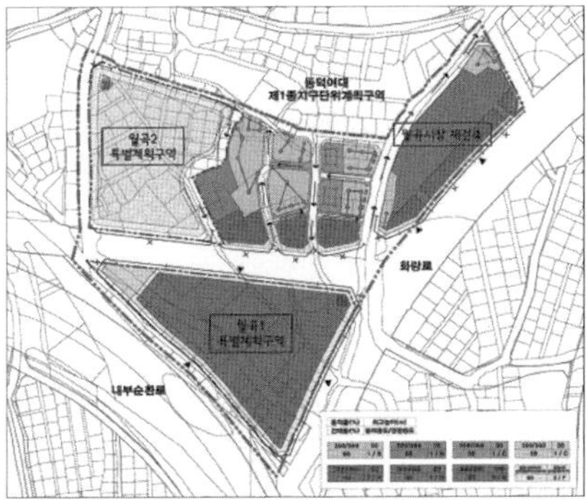

지구단위계획도

9-3 도시계획 분야

1. 토지이용계획

교통계획도면

토지공간의 평면 위에서 인간이 영위하는 각종 기능이나 활동 내용을 미리 예측하여 사용목적에 따라 유효하고 합리적으로 배치하기 위한 계획이라 할 수 있다.

2. 교통계획

교통이란, 목적을 가지고 사람이나 물자가 지리적 혹은 공간적으로 이동하는 것을 말한다. 도시교통은 도시지역, 즉 공간적 한계성에 따른 인구집중과 시설 등 도시집중에 의한 활동 증가와 토지이용의 고도화로 인해 발생하는 도시적 특성의 교통을 일컫는다.

3. 녹지와 공원계획

녹지의 개념은 수림지 또는 초지, 전답 혹은 식물로 덮인 녹피지를 총칭한 토지를 말한다. 공공녹지는 각종 공원과 운동장, 그리고 보행자 및 자전거도로와 광장 등을 말하고, 자연녹지는 하천·호소·수로·호반 같은 수면과 해안 등의 수변 및 산림·초지·농지 등을 말한다.

여의도 공원

공원의 근원적 개념은 공공을

위해 이용되는 녹지 혹은 자유 공지이지만, 여기에 보건·위생·휴양·위락·운동 등 여가시간을 활용하는 레크리에이션을 목적으로 인위적 시설을 가하여 도시민에게 일상생활의 안락을 유도하는 공간, 즉 시설공간을 뜻한다. 공원은 일조·통풍·채광상 유익하고, 대기오염·수질오염·소음공해 등을 방지하거나 정화시키는 역할을 하고 있다.

4. 공공기반시설계획

공공기반시설은 도시의 일상생활을 편리하고 위생적으로 영위할 수 있도록 수단을 제공해 주는 공공기능으로서의 기반시설을 총칭한다.

1) 상수도 및 하수도시설

상수의 용도는 크게 분류하여 가정용수, 업무와 상업 및 공업에 사용되는 산업용수, 그리고 소방용 소화용수, 정원 및 청소 등에 사용되는 잡용수 등으로 사용목적에 따라 구분할 수 있다. 상수도계획에서 계획급수인구는 일반적으로 15~20년 후의 급수 인구를 기준으로 하여 연차별 단기계획을 추진한다.

하수도는 가정생활이나 생산활동에서 생기는 생활오수·공업오수 및 빗물 등에 의한 수질오염 등 공중위생과 생활환경 악화를 예방하고 개선하기 위하여 계통적으로 설치하는 시설을 총칭한다.

하수도계획에서는 하수량 추정에 의해 배수구역을 결정하고, 하수처리 후 자연계로 되돌리는 하수관망 등을 다룬다.

2) 전기시설

전력공급 시설은 생산에서 소비까지 단계별로 대별하면 발전시설, 송전시설, 변전시설, 배전시설로 분류할 수 있다. 전력공급시설은 전기 사용을 목적으로 설치하고 있는 전기기계 및 기구, 저수지, 댐, 발전용도의 수도, 전선 등의 공작물까지도 포함할 수 있다.

3) 통신시설

통신의 기능적 시설은 서신을 이용하는 인쇄물 및 우편과 전류·전파에 의한 전기에너지를 매체로 한 전기통신, 공간적 이동의 음향통신, 빛·연기·수기(手旗)를 이용한 시각통신으로 분류할 수 있다. 통신시설은 방송국과 수신국의 안테나, 유무선용 철탑, 각종 유선용 가공선 등이 있다.

4) 도시가스시설

도시가스는 공장에서 제조된 가스연료를 파이프계통을 통하여 도시 수요자에게 공급하는 가스를 말한다. 가스의 종류는 천연가스 LNG와 정제가스인 LPG로 나누고 있다.

5) 지역난방시설

지역난방이란 광역을 대상으로 냉난방 열원을 생산하여 배관을 통해 소비지에 온수·증기·냉수를 공급하는 것을 의미한다. 지역난방의 효과는 에너지절약과 관리·운영상 경비절감 등의 경제성과 도시방재 및 대기오염 방지, 생활의 편익, 도시미관 및 환경개선 등 다양한 이익을 갖게 한다. 지역난방시설은 전기·도시가스·석유·석탄과 함께 에너지시설로서 중요한 공익사업적 의미까지 포괄적 개념을 내포한 도시설비이다.

6) 공동구시설

공동구는 도시의 공급시설과 처리시설인 전기·통신·상수도·하수도·도시가스·지역난방·송유관 등의 각종 케이블과 수송관을 공동으로 통합하여 관리하는 시설물을 말한다.

7) 폐기물처리시설

폐기물처리시설은 수거 · 운반 · 처리 · 처분의 단계별 처리시설에 의해 처리되며, 처리방법은 소각방법 · 매립방법 · 비료화 · 사료화로 이용하는 방법 등에 의한 것이 일반적이지만 중금속 · 폐유 · 폐산 · 폐알칼리 등은 특수처리가 요구된다.

9-4 도시설계

1. 개념

넓은 의미에서 도시설계는 도시의 물적 환경을 조성하는 비의도적 혹은 의도적 도시설계 행위를 모두 포함한다. 한편, 좁은 의미에서의 도시설계는 도시의 물리적 환경의 질을 향상시키기 위해 의도적으로 도시형태를 조성하는 행위를 말한다.

일반적으로 도시계획을 도시의 물리적 측면뿐만 아니라 사회 · 경제 · 문화 및 행정적 측면을 다루는 종합적 계획으로 본다면, 도시설계는 그 중 도시의 물리적 환경을 구성하는데 직접적 영향을 주는 계획이라고 할 수 있다. 또한 도시계획이 평면상에서 이루어지는 2차원적 작업의 특성을 지니고 있는데 비해 도시설계는 도시의 전체 및 일부분의 물리적 환경을 구성하는 3차원적인 작업의 특성을 지니고 있다.

2. 도시경관

도시경관은 도시의 다양한 외관이나 형태를 눈으로 바라보고, 깨닫고, 느끼는 일련의 체계적 인지의 틀이 된다. 이처럼 도시경관은 도시와 자연의 물리적 형태와 시각적 측면에 한정하는 것이 아니라 인간의 오감을 통해 느끼는 환경 전체의 문제로 볼 수 있다.

경관의 일반적 개념은 환경이라는 실체 개념보다는 관찰자가 정한 거리를 두고 관조하는 경우에 보여지고, 형성되는 심상 혹은 이미지라는 공통점을 갖고 있다. 한편, 경관형식의 구분에 의한 도시경관은 어디에 중점을 두고 보는가에 따라 타운스케이프(Townscape)와 어반 랜드스케이프(Urban Landscape)의 개념으로 나누어 볼 수 있다.

도시경관-서울

도시경관-서울(야경)

3. 설계 분야

1) 건축물 및 도시블록 설계

도시는 대부분이 건축물이나 도시블록으로 구성되어 있다. 따라서 도시가 그 형태나 도시공간을 구성하기 위해서는 각 건축물의 형태뿐만 아니라 전체의 배치나 구성을 어떻게 할 것인가를 주의 깊게 고려해야 한다.

모든 건축물은 부지가 있어야 하며, 건축법으로는 도로에 면해 있기만 하면 어떠한 토지도 부지로 인정된다.

용도 배치에 대해서는 그곳에 도시기반시설 등의 상황을 보고 기반시설에 과중한 부담이 되지 않도록 배려하거나 상호간에 공간적 마찰이 생기지 않도록 고려해야 한다.

건물의 형태를 정할 때는 우선 크게 윤곽과 골격을 잡고, 서서히 세부로 들어가는 예술작업처럼 도시 안에서 건축물의 주요한 골격을 용적률, 높이, 배치 및 방위 등 4개의 지표에 의해 정할 수 있다.

재료와 구조는 건축의 이미지 및 도시공간을 고려한다는 측면에서 중요하다. 특히 조형적으로 건물의 형태와 재료, 그리고 구조는 분리하여 생각할 수 없다. 건축법에서는 화재 및 구조적 안전 등으로 건축물의 재료와 구조를 규정하고 있으며, 도시 내에서 경관적으로 통일성을 구현하기 위해 재료와 구조를 지정하거나 유도하고 있다.

2) 가로공간 설계

"가로가 재미있으면 도시도 재미있고, 가로가 지루하면 도시도 지루하다."라고 제인 제이콥스가 언급했듯이 가로는 그 도시에 사는 도시민이나 방문자에게 강한 인상을 심어주고 그 도시의 가치를 판단케 해주는 중요한 척도 중의 하나이다.

가로공간 사례, 뉴욕

도시에 있어서 사회적 행위는 거의 도로공간을 중심으로 전개되었으며, 도시문화의 상징적인 공간이었다고 할 수 있다. 따라서 그 도시, 그 시대의 문화와 생활양식의 차이는 도로공간 차이로 나타난다.

가로는 도시 내 사람과 재화, 물자의 원활한 통행을 가능케 하는 것으로 도시 내 가로망체계는 도시활동체계와 결부되어 도시의 물리적 구조를 형성하는데 가장 핵심적인 요소이다.

가로는 그 기능과 위치, 폭원, 설계속도뿐만 아니라 경관적 측면에서도 충분한 고려가 필요하다. 또한 그 도시의 자연적 기반이나 풍토, 지역의 고유성 등을 고려하여 독자성을 지닐 수 있도록 설계해야 한다.

3) 광장 · 공원 등 열린 공간 설계

도시는 자연과 대비되는 환경으로 필연적으로 자연의 파괴라는 문제를 수반하게 되었다. 도시가 발달하면서 도시기능이 복잡해지고, 도시의 규모가 커지면서 도시민이 자연과의 접촉기회가 적어지며 도시에서의 쾌적한 삶이 위협받는다. 인간은 도시를 쾌적한 환경으로 만들기 위해 열린 공간을 조성하고, 이는 도시의 슬럼화나 황폐화를 막는데 중요한 역할을 한다.

열린 공간에는 광장 · 공원 등이 있으며, 도시민에게 모임의 장을 제공하는 오픈스페이스로서 중요한 역할을 담당하고 있다.

요시노부 아시하라(Yoshinobu Ashihara)는 이탈리아 광장을 '지붕이 없는 거실' 로 언급하면서, 도시의 광장이 도시 내의 일상생활과 긴밀한 관계를 맺고 있으며, 그 안으로 도시민들을 끌어들여 다양한 활동이 이루어지도록 도모하고 있다고 했다. 또한 공원은 도시 내 휴식공간의 역할을 담당할 수 있도록 설계한다.

4) 보행자 공간 설계

보행이라는 교통수단은 인간에 있어서 극히 원초적이고 개인적인 교통수단이다. 그러나 실제의 현대 도시공간구성에 있어서 보행에 관련된 공간과 보행공간의 위치 및 의미가 점차 변화하고 있으며, 한편으로는 약화되어가는 경향을 보이고 있다.

보행이라는 행위를 하는 동안 공간은 이동의 공간인 동시에 교육, 커뮤니케이션, 놀이의 공간이다. 따라서 도시를 보다 풍요로운 곳으로 만들기 위한 보행공간의 역할이 중요하다.

설계에 의한 보행자 공간의 조성뿐만 아니라 조성 후의 지속적인 개선 및 유지관리는 더 중요하다.

5) 수변공간 설계

최근 수변에 대한 관심의 고조로 수변공간의 매력을 되찾아 도시를 쾌적하고 활력 있게 하려는 움직임이 활발하다.

수변(waterfront)이라는 용어는 일반적으로 해변, 강변, 호수변 등 비교적 규모가 큰 수역과 주변 육지와 유기적으로 결합된 영역을 지칭할 때 사용된다. 또한 수변은 항만 활동뿐만 아니라 여타 도시 활동 모두를 수용할 수 있는 유연성과 규모를 갖고 있다. 즉 공업·유통·어업 등 생산적인 행위와 상업·업무·주거·레크리에이션 등 전형적인 도시활동이 이루어질 수 있는 장소이고, 도시의 녹지기능뿐만 아니라 녹지와는 전혀 다른 독자적 기능공간을 포함하고 있는 독특한 자연으로 모든 시민이 이용하는 공공공간이다.

6) 역사적 보전 공간 설계

역사적보전공간, 북촌

역사적 보전은 도시가 급속히 발전하여 면적이 확대됨에 따라 오랜 과정을 통해 형성된 도시 환경은 급속한 변화를 맞게 되고, 그 과정에서 대부분의 역사적 건물이 개발당위성에 의해 파괴되었다. 그러나 도시의 정체성과 쾌적성 문제가 대두되고 환경보전에 대한 문제인식으로 그 필요성이 점차 대두되었다.

역사적 보전을 통해 각 시대의 건물들이 도시에 존재하게 되어 도시는 단조롭지 않으며, 더 이상 동질적인 장소로 인식되지 않도록 된다.

경제적 측면에서 역사적 건물의 보호와 투자를 통해 관광수입 등 금전적 이익을 얻을 수 있다. 또한 새로운 공간을 조성하는 것보다 기존의 건물을 재이용, 개수하는 것은 더욱 경제적이다. 그 시대 및 집단의 독자성을 표현하고 있는 건물, 기념물을 보전하는 것은 의미성과 상징성이 강조될 수도 있다.

참/고/문/헌

- 건축개론 : 大川邦彦 · 井上書院, 2011. 9. 30.
- 건축개론 : 건축개론편찬위원회편, 기문당, 2007.
- 건축총론 : 이범재 · 김창언, 기문당, 1999.
- 건축의 이해 : 윌리엄 W. 카우텔 윌리엄 M. 페너 폴 케논 공저, 박만식 역, 기문당, 2006.
- 건축이야기 : 패트릭 넛갠스 저, 윤길순 역, 동녘, 2003.
- 건축의 역사 : 조나선 글랜시, 강주헌 역, 시공사, 2002.
- 건축의 세계 : 조나단 글랜시, 김미옥 역, 20세기폭스, 2009.
- 건축의 유혹 : 힐러리 프랜치, 최윤아 역, 예담, 2003.
- 20세기의 건축역사 : 위르겐 요디케 저, 김경환 · 이병욱 공저, 이건출판사, 1998.
- 서양건축사도해 : Bill Risebero 저, 오덕성 역, 기문당, 1990.
- 건축의 공간과 형태 : jurgen joedicke, 진경돈 역, 시공문화사, 2000.
- 흐름과 더함의 공간 : 안영배, 다른세상, 2008.
- 빛의 가로 극적인 공간 : W. 벤야민, 문수일 역, 공간출판사, 2000. 6. 20.
- 건축의 형태언어 : 윌리엄 미첼 저, 김경준 · 남순우 역, 도서출판 국제, 1993.
- 건축형태의 원리 : Paul Frankl 저, 김광현 역, 기문당, 1989.
- 건축구성의 수법 : 小林克弘 편저, 이정호 · 황용운 역, 보문당, 2002.
- 건축미학을 찾아서 : 권태문, 도서출판대가, 2009.
- 건축의장 : 히라오 가즈해로, 스에카네 신고 편저, 윤철재 · 민건희 역, 기문당, 2009.

- 자금성 : 질 배갱, 도미니크 모렐 저, 김주경 역, 시공디스커버리총서, 1999.
- 건축일반구조학 : 김정수 · 김현산 · 김동만 · 이광 · 이호진 · 이훈, 문운당, 2000.
- 건축학개론 : 김정곤 · 김용식 · 서치호 · 안형전, 구미서관, 2003.
- Landscape Architecture : John Ormsbee Simonds 저, 안동만 역, 기문당, 1999.
- 도시계획 : 김봉일 · 홍세표 · 안영복 · 김기임 · 신성영 · 백경무, 기문당, 2005.
- 실내디자인학 : 오인욱, 기문당, 2002.
- 건축설비계획 : 강태일 · 권현철 · 박동만 · 황용호, 기문당, 2003.
- 위생설비 · 전기설비 : 박병전, 기문당, 2003.
- 도시설계 : 오덕성 · 문홍길, 기문당, 2003.
- 건축구조학 : 장기인, 보성문화사, 1991.

◈ 저자약력

이범재

단국대학교 명예교수
1946.12 서울생
1969.02 서울대학교 공과대학 건축학과 졸업
1975.02 서울대학교 대학원 건축학과 졸업 공학석사
1969.11~1982.02 공간건축연구소(현 공간그룹)
1983.06~1992.08 간삼건축 PARTNER 건축가
1992.09~1998.09 HED 건축사 사무소
1975.03~2012.02 단국대학교 건축대학 학장 및 교수
2012.03~2012.12 (주)공간그룹 고문

배시화

가천대학교 건축학과 교수
1952.04 출생
1976.02 서울대학교 건축학과 졸업
1979.02 서울대학교 대학원 건축학과 졸업 공학석사
1992.02 서울대학교 대학원 건축학과 졸업 공학박사
1992.03~현재 가천대학교 건축학과 교수
2007.01~2009.12 여성 건축가협회 회장 역임. 현, 명예회장
2007.01~2010.12 중앙도시계획위원회 위원
2011.04~2013.03 제2기 국가건축정책위원회 민간위원
2011.03~2013.02 세종특별자치시 지원위원회 민간위원
2012.04~현재 대한건축학회 참여이사
한국건축가협회 명예건축가

건축학 개론

2013년 3월 11일 1판 1쇄 발행
2020년 1월 10일 3판 1쇄 발행
2023년 3월 20일 3판 3쇄 발행

저 자	이범재 · 배시화
발행인	강 해 작
발행처	기 문 당
주 소	서울시 성동구 무학봉 28길 4-1
전 화	02) 2295-6171(代)~5
팩 스	02) 6971-8188
출판등록	1976. 10. 7(1-44)
홈페이지	http://www.kimoondang.com
I S B N	978-89-6225-964-3 93540